LIBRAIRIE DE LUGAN.

ÉDITIONS MIGNONNE IN-32.

Histoire de Don Quichotte de la Manche, traduction de Filleau de Saint-Martin. 8 vol. in-32, ornés du portrait de Michel de Cervantes et de 15 jolies petites gravures, d'après les dessins de Chasselat et autres, prix. sur beau papier satiné, 12 fr. ; et sur papier vélin aussi satiné, 16 fr.

Les Mille et une Nuits, contes arabes, traduits par Galland ; 3ᵉ édit. *mignonne*. 8 vol. in-32, ornés de 16 gravures, prix 12 fr. — *Les mêmes avec un supplément* contenant les contes traduits postérieurement à ceux de Galland, et qui ont été publiés par M. Edouard Gautier dans l'édition qu'il a donnée en 1822 et 1823 ; 12 vol. in-32, ornés de 24 jolies grav., prix, 18 fr. *Le supplément* seul, 4 vol. in-32, avec 8 jolies gravures, prix, 6 fr.

Ce supplément peut aussi faire suite aux autres éditions, et particulièrement à celles du format in-18, dont il se rapproche le plus.

Aventures de Robinson Crusoé, par Daniel de Foë, édition *mignonne*, revue et corrigée. 4 vol. in-32, ornés de 10 gravures et bien imprimés, en gros caractères, sur papier superfin des Vosges, satiné, prix, 6 fr.

Voyages de Gulliver. 4 vol. in-32, qui peuvent se relier en un , prix broché, 2 fr.

Il existe des reliûres en différens genres des ouvrages ci-dessus, du prix de 50 c. (cartonnage) jusqu'à 2 fr. 50 c. en veau à nerfs, doré sur tranche et fers à froid., et 3 f. en maroquin.

Histoire du petit Jehan de Saintré et de la Dame des Belles-Cousines ; extraite de la vieille chronique de ce nom , par M. de Tressan ; édition *mignonne* ornée d'une gravure . 1 vol. in-32, sur beau papier satiné, 75 c.

Histoire de Gérard, comte de Nevers, et de la belle princesse Euriant de Dammartin, sa mie, par M. de Tressan ; édition *mignonne* , ornée d'une gravure. 1 vol. in-32, 75 c.

OEuvres choisies de Gresset. 2 vol. in-32, comprenant, savoir :

Ver·Vert, poëme en quatre chants , suivi du *Caréme impromptu* et du *Lutrin vivant* ; in-32, prix, 25 c.

Trois épîtres ; *la Chartreuse, les Ombres, l'Abbaye*, par Gresset, in-32, prix, 25 c.

Avis au peuple sur les premiers secours à donner dans les cas pressans et avant l'arrivée du médecin, par Jules Leroy. 1 vol. in-32, 60 c.

La Botanique des ménages, ou précis alphabétique des plantes les plus utiles dans l'économie domestique ; suivie de considérations sur le régime alimentaire , selon les tempéramens, le climat et les saisons ; par Gardeton. 1 vol. in-32, prix, 60 c.

LE MÉDECIN

SANS MÉDECINE.

TYPOGRAPHIE DE MARCELLIN-LEGRAND, PLASSAN ET CIE

IMPRIMERIE DE PLASSAN ET COMP.,
RUE DE VAUGIRARD, N° 15.

LE MÉDECIN

SANS MÉDECINE,

ou

DU COURAGE ET DE LA PATIENCE

dans les maladies;

Traduction de l'italien du docteur Pasta ;

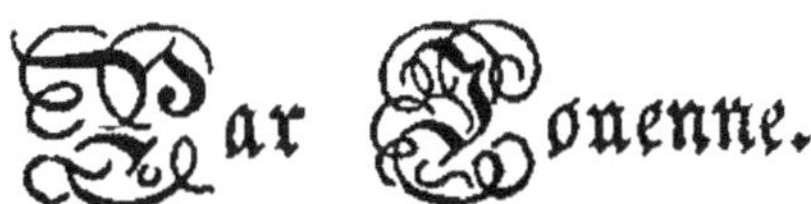

DEUXIÈME ÉDITION.

PARIS.

LUGAN, LIBRAIRE-ÉDITEUR,

PASSAGE DU CAIRE, N° 49.

—

1829.

ERRATA.

Page xxxii de la préface, ligne 5, au lieu de *humeurs* lisez *ennemis*.

Page xxxviii, ligne 7, au lieu de *sensible* lisez *subtil*.

Page lxix, ligne 8, au lieu de *Pommer* lisez *Pomme*.

PRÉFACE

DU TRADUCTEUR.

Il appartenait à un médecin, dans la position difficile où l'ont placé, sur la fin de sa carrière, les événemens politiques qui ont eu lieu dans sa patrie, de donner la traduction d'un ouvrage du docteur Pasta, ayant pour titre, *du Courage* et *de la Patience dans les maladies*; ouvrage, dont le but est de prouver qu'il existe un assez grand nombre de maladies qui, loin d'être du ressort de la médecine purement matérielle, s'aggravent et même deviennent presque toujours funestes, quand elles

1*

sont traitées uniquement par les remèdes pharmaceutiques.

Si les médecins s'étaient attachés davantage à bien observer, et à bien diriger le moral de l'homme malade, nul doute que cela n'eût fourni des bases aussi solides que multipliées à la médecine essentiellement curative; mais malheureusement cette idée sublime de l'immortel Hippocrate d'introduire la médecine dans la philosophie, et la philosophie dans la médecine, a été trop négligée par la plupart des hommes de l'art. Ils ont trouvé plus commode de faire cette médecine toute matérielle, qui a tant égayé, et à si juste titre, la plume du célèbre comique que la France a vu naître : aussi l'homme malade a-t-il été souvent réduit à chercher dans son propre courage, et dans le sein des lettres et d'un ami, ce que l'art n'avait pu lui procurer.

Il n'est point de maladies occasionées par la tristesse ou par le chagrin, quelques profonds qu'ils soient, dont un ami ne diminue la violence. L'infortuné dont le cœur est blessé, veut être soulagé : ses peines demandent des secours moraux ; et, si une main bienfaisante s'approche doucement de lui, et panse avec bonté sa blessure, il ne la voit pas sans surprise et sans émotion. Pendant qu'il admire et qu'il s'attendrit, il sent moins sa souffrance ; et dès qu'un autre sentiment se mêle à celui de sa douleur, elle n'est plus sans remède.... La voix d'un ami charme tous les maux ; endort toutes les peines : c'est la lyre d'Orphée qui désarme les furies ; qui assoupit les monstres.

Quelle que soit au fond l'idée systématique que l'on doive se former du courage, il faut le regarder comme une propriété de l'âme, qu'il importe à tout homme, et surtout au médecin, de bien connaître, par rapport à l'influence qu'il exerce sur notre état physique et moral ; car le médecin observateur trouvera la solution pathologique d'une foule de lésions corporelles, dans certaines dispositions morales. Celui qui, dans le traitement du corps humain, néglige la partie intellectuelle, n'a certainement que des notions très-fausses, ou du moins des idées très-imparfaites sur sa nature : il évitera rarement de commettre des fautes graves, et même funestes dans l'emploi des moyens qu'il adopte pour lui rendre sa santé ; car, tandis qu'il dirige la science physique pour éloigner ou soulager quelque symptôme évident et superficiel, il ne voit pas le ver de la maladie mentale, qui ronge la racine de la constitution. Il est dans une situation semblable à celle d'un chirurgien peu expérimenté qui ne s'aperçoit pas, pendant qu'il est occupé à faire la ligature d'une artère, que son malade perd son sang par une autre partie.

Si le moral n'a pas un empire absolu, cependant le pouvoir qu'il exerce sur la matière organisée à laquelle il est fixé si étroitement, est beaucoup plus grand qu'on ne le croit ordinairement ; et telle est la dépendance intime qui existe entre le physique et le moral de l'homme, que le médecin mûri par l'expérience, peut tour à tour se servir du premier pour aider le second, et du second, pour secourir le premier : tout dépend souvent de l'emploi et de la combinaison qu'un praticien sage et éclairé peut faire des deux pour la conservation ou pour la guérison de ceux qui réclament ses secours : je sais que la chose n'est pas facile à mettre en pratique, et qu'elle demande un tact et une sagacité peu

ordinaires, pour s'en servir avec avantage. L'anatomie de l'esprit doit marcher de pair avec celle du corps, puisque sa constitution en général, ainsi que
ses particularités, ou tout ce qu'on peut
appeler d'une manière technique ses
idiosyncrasies dans quelques cas indivi-
duels, peuvent être regardées comme
une des branches la plus essentielle de
l'éducation médicale. Ne perdons jamais de vue dans la plupart des maladies dites nerveuses, la sympathie
très-intime qui existe entre les systèmes
muqueux de l'appareil digestif, les sens
et le cerveau. Que tous nos efforts
tendent à mettre, par les moyens con-
venables à chacun, ces divers organes
dans le cas de s'aider, et de se soulager

réciproquement, ou plutôt de remplir avec énergie les fonctions particulières à chacun d'eux.

Si la pensée de Grimaud, que Bichat a développée avec toute la profondeur de son génie, est vraie ; si les belles découvertes de MM. Gall, Magendie, et surtout celles du docteur Flourens, vantées par Cuvier et Saint-Hilaire, à l'instar de celle de la circulation, viennent à se confirmer, comme tout porte à le croire, l'existence morale aurait son département isolé, comme l'existence physique ; elle aurait également ses organes élaborateurs, et les diverses parties du cerveau sembleraient faire organiquement les diverses fonctions de la pensée, comme l'estomac fait celle de la digestion ; mais , ici je m'arrête...

Par quelle fatalité l'étude de l'homme moral n'offre-t-elle encore , sous le rapport médical , que des données vagues et incertaines ? N'avait-on pas lieu d'espérer , surtout depuis que les médicamens ne sont plus pour les vrais médecins , que des agens propres à modifier l'action générale ou locale de la sensibilité , qu'on obtiendrait les plus grands succès pratiques d'une thérapeutique morale qui , basée sur l'observation , le flambeau le plus fidèle dans l'étude des sciences naturelles , proposerait certains ébranlemens de l'âme , comme des moyens propres à remplir dans plusieurs cas l'ac-

tion moins puissante, et même quelquefois nuisible des médications physiques. Je n'ignore point que deux grands
obstacles paraissent s'opposer à l'exécution raisonnée d'un plan médical, qui
n'aurait pour but que les remèdes moraux : d'une part, l'étendue illimitée de
l'action morale, et l'impossibilité appa-
rente de la réduire comme la plupart
des moyens curatifs, à des formes connues, à des quantités déterminées; de
l'autre, l'état compliqué du plus grand
nombre de ces affections, d'où il résulte des effets mixtes qu'on ne peut at-
tribuer à aucune d'elles en particulier.

Quelques grands que puissent paraître ces obstacles, je ne les crois pas
entièrement hors de la portée de quel-

que génie observateur ; et je pense que le célèbre Bacon nous a déjà mis sur la voie. D'ailleurs, pourquoi dans un siècle où les autres branches naturelles ont atteint, pour ainsi dire, le plus haut degré d'élévation, la médecine morale, qui est sans contredit la plus belle partie de l'art, resterait-elle entachée de la flétrissure humiliante de n'avoir trouvé que des défenseurs pusillanimes, ou des détracteurs dont l'amour-propre est comme une outre gonflée de vent, à laquelle on ne peut faire la plus légère piqûre, sans qu'il n'en sorte des tempêtes ?......

La pharmacie ne faisant, comme nous l'avons dit plus haut, que la partie la plus faible de l'art de guérir, on ne peut séparer la science médicale de la science morale, sans une mutilation dangereuse, et même funeste : en effet, le médecin instruit peut-il ignorer que le courage, s'il sait l'inspirer adroitement à celui qui souffre, et le soutenir à propos, est dans ses mains un stimulant moral, qui agit puissamment sur des organes malades ; qui ranime les forces, rend aux fonctions toute leur énergie, dissipe des maux fantasques sous lesquels on était sur le point de succomber ; et donne aux moyens thérapeutiques plus d'énergie, et une plus grande étendue aux ressources de l'art ? Le courage et la patience sont l'ancre de salut sur lequel l'homme sage compte le plus pour combattre avec avantage une foule de maladies auxquelles il est sujet.

La terminaison favorable d'une maladie grave devant être attribuée, beaucoup plus souvent que ne le pense le vulgaire, au calme et à la tranquillité imperturbable de l'âme, il est pénible de penser, qu'il existe des hommes assez étrangers à tout ce qui se passe en eux et autour d'eux, pour ignorer que, dans des maladies chroniques surtout, le courage, la patience, un bon régime, de la dissipation, un exercice soutenu à l'air libre, le changement d'air et une expectation sage, sont souvent les seuls moyens que la nature

2*

réclame pour échapper au danger qui les menace, s'ils ne prennent promptement la ferme résolution de fuir les médicamens et les médecins toujours *agissans* : secte bien plus dangereuse pour l'humanité que celle des *expectans*, qu'ils ont cherché à ridiculiser, en les appelant, les *spectateurs oisifs de la mort*. S'il était vrai qu'il n'y eût pas un juste milieu à tenir entre ces deux extrêmes, ce que je suis loin de penser, et ce qu'ont prouvé MM. Planchon et Voullonne dans leurs mémoires couronnés par l'Académie de Dijon; je l'avouerai franchement, je préférerais me ranger au nombre de ces derniers, en tête desquels je trouve le divin vieillard, ce sage de l'antiquité, que de m'exposer avec les autres à transgresser le sixième commandement, en prescrivant des remèdes, dont il est si difficile de mesurer l'action, à travers la prodigieuse variété des tempéramens et des âges. D'ailleurs, l'expérience de tous les jours n'apprend-t-elle pas que, lorsque l'esprit est fatigué ou malade, ces remèdes sont pour le moins nuisibles, s'ils ne tuent pas; et que c'est au corps à travailler, pour empêcher l'esprit de se replier sur lui-même.

C'est une vérité bien démontrée que, certains ébranlemens procurés par les diverses passions et affections de l'âme, sont des conditions non moins nécessaires pour l'exercice complet de la vie, que l'air et les alimens. Vouloir en interdire l'usage, c'est nous défendre d'être ce que nous sommes ; car il est aussi impossible de concevoir un homme sans passions, qu'un homme sans désirs : il y a plus, le médecin ne doit voir dans toutes les passions qu'un mouvement imprimé à la fibre, en vertu duquel elle se baisse ou se hausse. Il doit savoir qu'il existe un régime propre à les exciter, comme il en est un pour les modérer. Tout l'art consiste, dans le premier cas, à donner à la fibre le degré de ton qui la rend plus sensible et plus active ; comme dans le second, à diminuer son énergie. Galien était bien pénétré de cette vérité mé—

dicale , lorsqu'il disait : « Que ceux
qui nient que la différence des alimens
rend les uns tempérans , les autres dis-
solus ; les uns courageux , les autres
poltrons : ceux-ci doux , ceux-là que-
relleurs ; d'autres modestes , et d'autres enfin présomptueux ; que ceux ,
dis-je , qui nient cette vérité , viennent
à moi , qu'ils suivent mes conseils pour
le boire et le manger , je leur promets
qu'ils en retireront de grands secours
pour la philosophie morale. Ils senti-
ront augmenter les forces de leur âme ,
ils acquerront plus de mémoire et plus
de génie , plus de prudence et plus
d'activité. Je leur dirai aussi quelles
boissons , quels pays ils doivent éviter
ou choisir. »

On est loin de connaître encore toute l'étendue des prodiges qui peuvent résulter de l'effet de l'imagination , tant au moral qu'au physique ; et malheureusement l'effet des passions sur l'économie animale a été plus souvent jugé sous le rapport du mal qu'elles produisent , que sur le bien qu'elles pourraient faire , si elles étaient mieux dirigées. On en trouve un exemple remarquable dans Metsys, ou le *Maréchal d'Anvers* , que l'amour fit peintre : ce jeune homme , qui exerçait à Anvers la profession de maréchal ferrant , devint passionnément épris de la fille d'un peintre , qu'il demanda en mariage. Le père ayant déclaré qu'il n'accorderait la main de sa fille qu'à

un homme exerçant son art, aussitôt
Metsys abandonne son enclume et ses
marteaux, prend un crayon, et commence à dessiner. L'amour l'enflamme,
le portrait de sa maîtresse est son premier tableau ; il réussit, et la main
de celle qu'il adore si ardemment
devient le prix de son talent. « Nos
» passions, dit le célèbre Zimmermann,
» sont les doux zéphirs à l'aide desquels
» l'homme devrait conduire sa barque
» sur l'océan de la vie. La bande riante
» des plaisirs, et le sombre cortége de
» la douleur, mêlés l'un à l'autre avec
» art, et renfermés dans leurs justes
» bornes, composent la lumière et les
» ombres, dont l'opposition bien mé-
» nagée produit la force et le coloris

» de la vie. » C'est ce qui a fait dire à Pressavin, que les passions sont à l'égard du sens extérieur, ce que les alimens sont à l'égard de l'estomac. Ce sont elles qui, nous tirant de l'état d'inertie, donnent la force nécessaire à quiconque désire être vertueux. Comme elles sont le souffle de la vie, l'homme sans elles ressemblerait à un vaisseau que l'on tiendrait à l'ancre ; tandis qu'avec elles, il vogue à pleines voiles, ce qui ne demande que de la prudence dans les manœuvres.

Quoique l'imagination, que Mallebranches appelait la folle de la maison, puisse souvent faire du mal, on ne peut nier qu'elle ne puisse aussi faire quel-

quefois beaucoup de bien, et qu'elle
ne soit nécessaire à notre existence;
car elle veille, pour ainsi dire, sur les
mouvemens de tous les êtres, dont nous
sommes entourés, et nous donne promptement les modifications qui nous conviennent en conséquence du bien ou
du mal qu'ils peuvent nous faire, si
nous savons la manier adroitement.
L'homme malade devrait s'accoutu-
mer à supporter les maux qui l'affligent, et non se contenter de les sentir; car ce n'est le plus souvent que
la faiblesse de notre volonté, qui fait
réellement notre faiblesse, et l'on est
presque toujours assez fort, pour faire
ce que l'on veut fortement. Moins un
homme qui use de sa raison, craint la

mort, plus il meurt tranquille : d'ailleurs ce passage tant redouté est-il si terrible que l'homme de bien ne puisse l'envisager avec calme, et sous son véritable point de vue ? S'il est vrai, comme je le crois, que les sentiers qui conduisent au champ de repos, sont souvent plus effrayans que le point où tous finissent par aboutir, pourquoi les rendre encore plus âpres, et anticiper sur sa destinée en s'abandonnant à la tristesse et au désespoir, dont les effets sont si funestes à l'économie animale ? La mort n'étant, selon moi, qu'un appel à une existence plus heureuse, pourquoi le parfum des fleurs, le souffle rafraîchissant du soir, ne seraient-ils pas chargés de nous en apporter la nouvelle? un regard sans cesse fixé sur la fin de notre voyage, nous empêche d'apercevoir quelques fleurs dont les entier de la vie est parsemé, et ne tend qu'à rendre notre existence à charge, et même à en abréger la durée. La plus haute des folies, pour ne pas dire lâcheté, est de se laisser aller au chagrin et à la tristesse; et, comme l'a fort bien dit Juvenal, pour la vie, perdre les occasions de vivre. Loin de trembler à l'idée de sortir de cet état mitoyen, de cette existence problématique, incertaine et rarement heureuse, nous devons au contraire attendre avec calme la décision de notre destinée future, de celui qui nous a placés sans notre participation, sur ce théâtre mobile :

d'ailleurs, celui qui s'endort dans le sein d'un père doit-il craindre le réveil ?

Un point non moins important pour le bonheur, et surtout pour la santé, est de savoir élever l'âme à une sorte de stoïsme, qui fasse envisager avec calme et fermeté les divers maux qui nous affligent, et rejeter ces médications de tous les instans, qui loin de conserver la santé, la détruisent d'une manière irrévocable ; car, il en est des rouages de notre machine, comme de ceux d'une montre : vouloir y toucher sans cesse, c'est l'user plus promptement. Celse, Gédéon Harvey, et presque tous les grands praticiens avouent que c'est souvent un grand remède, que de n'en point faire; et que là polypharmacie, ou la pluralité des remèdes, sont l'asile de l'ignorance, ou une preuve de la faiblesse des connaissances du médecin. La maladie atteint rarement, ou abandonne bientôt quiconque n'a pas le temps d'être malade, et sait faire diète à propos. La plus grande de nos maladies, c'est la crainte qu'elles nous inspirent, parce qu'elle détend tous nos ressorts. L'imagination d'un homme que son mal inquiète, détermine les humeurs dans la partie affligée, à laquelle il pense continuellement, et qui s'engorge de plus en plus: au lieu qu'une âme courageuse, en renforçant le principe vital, le rend capable d'exécuter avec vigueur toutes les fonctions, de surmonter tous les obstacles au dedans et au dehors; parce que c'est en nous le même principe qui veut, qui exécute toutes les fonctions, et qui guérit : mais ce qui est préservatif et curatif, ce n'est pas la simple patience, c'est une volonté forte, active et constante. Si on savait user à propos de cette faculté morale, et souffrir la faim, comme la nature même l'indique, en faisant perdre l'appétit, les médecins eux-mêmes seraient bientôt affamés; car, alors les maladies deviendraient plus rares qu'eux ; aussi, semblables aux héros guerriers qui craignent la paix, ils ne redoutent rien tant que la diète et la sobriété chez les

autres. Mais comme l'homme ne sera
jamais assez sage pour suivre les conseils
du médecin que la nature a mis en
lui, les médecins de profession seront
toujours nécessaires, quoiqu'ils ne soient
que les faibles suppléans du médecin
interne, toujours présent pour les sages, et toujours absent pour les fous.
Il en est malheureusement des maladies du corps humain, comme de celles
du corps politique : vouloir les traiter
toutes par le fer et par le feu, c'est
un moyen sûr de leur imprimer un
caractère de malignité, qui les rend
souvent incurables. L'expérience de tous
les temps n'a-t-elle pas démontré que
les affections purement nerveuses deviennent fécondes en symptômes alar-

mans, et finissent par n'admettre d'autre calmant que la mort, en faisant un
abus des remèdes, et même des antispasmodiques, qui sont souvent plutôt les humeurs des nerfs, que leurs
remèdes. « Je puis assurer, dit Bien-
ville, avoir tiré plusieurs personnes
d'un état de malaise et d'infirmité ha-
bituels, seulement en leur faisant cesser
ces sortes de remèdes, en leur prescrivant un bon régime, et en leur faisant respirer l'air pur de la campagne,
qui est l'ami de ceux qui le bravent,
et l'ennemi de ceux qui le craignent :
il caresse l'homme des champs, qui
vient le saluer au lever de l'aurore,
et tue le riche indolent, qui lui ferme
en plein midi les glaces de son carosse. »

S'il était besoin de prouver par quelques exemples, l'action puissante du moral sur le physique, il suffirait de citer le Tasse, Cardan et Scarron : le premier maîtrisait tellement son corps, qu'il semblait perdre toute sensibilité dans son enthousiasme ; le second, au milieu des plus cruelles douleurs de la goutte, s'élevait quelquefois tellement au-dessus de ses affections corporelles, qu'il n'éprouvait de douleurs que lorsque son esprit se détendait ; le troisième, si maltraité dans son organisation physique, n'avait pas besoin de cette force d'imagination, dont était doué Cardan, parce que la gaîté naturelle de son caractère était si grande, qu'il paraissait même insensible aux tourmens inexprimables de sa goutte. Son âme était douée d'une telle force, qu'elle remplissait ses fonctions indépendamment du corps, et restait inébranlable sous les ruines de la machine qu'elle animait.

Il y a un rapport si intime dans ce qui constitue notre organisme, que les fonctions des facultés intellectuelles ne peuvent éprouver la plus légère altération sans occasioner des dérangemens analogues dans le tissu des solides, et dans le mouvement des fluides ; ce que nous disons ici des facultés intellectuelles, s'applique également aux facultés purement physiques, comme dans l'idiotisme, la folie, etc. Cheyne s'explique à cet égard d'une manière non équivoque, en disant : « Quand je vois un homme sombre, mélancolique, lourd, stupide, inattentif, triste ou morose, ou, ce qui est pis, capricieux ou bizarre, déréglé ou libertin ; qui vit ou qui pense sans aucune retenue, je conclue que sa santé est en mauvais état, qu'il est attaqué d'une maladie corporelle dangereuse, ou qu'il vit dans un mauvais régime, qui y aboutira nécessairement, quelles que soient les apparences du contraire ; et, tôt ou tard, l'expérience a toujours confirmé la justesse de mon opinion. J'ai trouvé constamment dans de pareilles circonstances, qu'il ʻse manifestait enfin une maladie réelle, chronique ou aiguë très-caractérisée , qui décelait la véritable crise du mal , dont tous les déréglemens ou bizarreries avaient été les symptômes primitifs et éloignés.» En effet, il faut si peu de chose pour exciter, réprimer ou mettre en désordre les phénomènes de l'intelligence humaine, qu'on a dit avec beaucoup de sens , en parlant de l'homme. «Toi, qui dans ta folie, as pris arrogamment le titre de roi de la nature ; toi, qui mesures et la terre et les cieux; toi, pour qui la vanité s'imagine que le tout a été fait, parce que tu es intelligent, il ne faut qu'un léger accident, qu'un atôme déplacé, qu'un faible épanchement pour te ravir cette intelligence dont tu parais si fier. »

Les effets de la tristesse et du chagrin étant de produire diverses irrita-
tions et constrictions dans le tube alimentaire , et de jeter le cœur et tout
le système artériel et veineux , ainsi
que les muscles , dans un état d'iner—
tie et de langueur , il n'est pas surprenant de voir naître ces douleurs et cet
état de malaise , d'inquiétude et de
rongement vers l'orifice supérieur de
l'estomac , exprimés si énergiquement
dans le chapitre 25 , verset 20 du li-
vre des Proverbes de la Bible : « *Sicut
tinœa vestimentis et vermis ligno ; ità
tristitia in viro nocet cordi.* » **Le**
ventre devient alors paresseux, les fla-

tuosités s'y amassent, les digestions deviennent pénibles ; on est tourmenté d'éructations, de borborygmes ; la circulation languit, la transpiration diminue ; les capillaires s'engouent, les humeurs sont mal élaborées, leur mixtion s'altère; ce qu'il y a de plus sensible s'échappe ; les seules parties grossières restent dans les vaisseaux, y forment des inflammations, des obstructions ou des dilatations, qui tiraillent les nerfs, les irritent et donnent naissance à des affections spasmodiques les plus graves, ou bien l'irritation donne lieu à des inflammations chroniques, source si féconde et si difficile à connaître, de maladies longues et

opiniâtres , qui dessèchent le corps jusqu'aux os. *Tristis animus exsiccat ossa.*
Quelquefois l'accablement est si grand ,
les constrictions si fortes , que la circulation en est tout à coup arrêtée ;
l'on tombe en défaillance , et même l'on
meurt. Telle fut la fin de Marcus Le-
pidus , qui expira de douleur , lorsqu'il apprit que des juges impies avaient
prononcé sa séparation d'avec sa femme.

En réfléchissant un instant sur les
maladies qui affligent l'âme , je veux
dire , le chagrin , la tristesse , etc. , quel
est l'homme qui peut ignorer que la
plupart des maladies dites nerveuses ,
en tête desquelles nous plaçons certai-

nes affections hypocondriaques et mé—
lancoliques , ne sont susceptibles d'être
traitées avec succès , que par les *antispasmodiques* moraux , et particulièrement par la patience et par le courage ,
qui la donnent; et surtout par l'étude de
la nature , qui rend l'homme meilleur,
et par conséquent plus heureux : «Non,
» excepté le plaisir si doux de faire le
» bien , qui dissipe les chagrins comme
» la lumière renaissante au matin , fait
» fuir les larves et les fantômes en—
» fans des ténèbres, il n'est point de
» moyen plus propre à consoler l'hom-
» me dans ses affections , que l'étude
» de la nature. Quel champ fécond de

» plaisirs elle lui ouvre, en le mettant
» dans une relation plus intime avec
» ce qui l'entoure sur la terre! par-
» tout où rampe un insecte perdu dans
» le gazon, l'ami de la nature est-
» il jamais seul! quelle douce et
» paisible jouissance il éprouve en
» voyant comme un nuage léger, le
» tribut d'amour du palmier, porté
» vers sa compagne isolée, sur l'aile
» des zéphirs, ministres folâtres des
» graves mystères de l'hymen! »

Que ceux-là sont heureux dont l'i-
magination se promène avec plaisir sur
tous les objets rians d'une belle campagne! c'est alors que les chagrins per-

dent de leur amertume, et que le cœur et l'esprit forment chez eux un concert qui endort toutes les passions tristes : c'est alors que la gaîté remue le cœur sans le troubler; qu'elle réveille l'esprit sans beaucoup l'agiter; et que l'âme s'agrandit à la vue des merveilles de la nature. Qu'il se joigne dans ces promenades une amie, ou quelques ouvrages de la nature de ceux du bon Horace, le meilleur de tous les médecins dans les afflictions et dans les chagrins, la joie devient alors plus vive, et le plaisir est à son comble.

Un autre moyen non moins puissant pour ramener le calme et la gaîté dans

un cœur flétri par la tristesse et par
le chagrin, c'est la musique ; elle est le
plus puissant moteur de l'économie animale : elle a l'empire le plus marqué sur
les passions : elle les exalte, les calme,
les modifie à son gré : elle apaise
l'homme le plus féroce ; rend courageux
le plus lâche ; arrache des larmes au
plus cruel.

C'est de toutes nos jouissances, celle
qui ressemble le plus au plaisir de l'esprit : elle est, pour ainsi dire, le lien
qui unit l'âme au corps. Comme elle est
la plus délicate de toutes les jouissances qui affectent l'âme, et qui per-
fectionnent sa nature, elle émousse

le sentiment de la nécessité, charme les heures de tristesse et d'ennui, et éloigne d'une manière puissante toute passion basse et honteuse. Les momens que nous lui donnons, sont sacrés sous les rapports d'utilité, d'amusement et d'élévation : par elle nous anticipons sur des jouissances d'un caractère encore plus sacré, puisque toutes nos sympathies les plus agréables et les plus élevées sont mises en action par l'aisance, la grâce et la modulation d'un Haydn; par l'union parfaite des parties qui caractérisent les morceaux de Corelli, le musicien de la nature; par la modulation exquise de Purcell, qui

éveille les sensations les plus agréables ;
par le sentiment profond , le goût cor-
rect et l'imagination sans borne de
Mozart ; par la douceur de Gluck
l'enchanteur , qu'on dit avoir touché
la lyre qui appartint jadis à Orphée,
et avoir fait revivre l'âge d'or de la
musique ; et , par-dessus tout, par la
science profonde , la corde résonnante,
l'harmonie sublime, la mâle vigueur
et la manière de l'inimitable Handel ,
l'Homère, le Tasse , et le Milton de
la musique.

Il n'est personne, je pense , qui n'ait
éprouvé plus ou moins, à l'accent d'une
voix enchanteresse, ou au son d'un

instrument harmonieux, que la musique dissipe l'ennui, qu'elle chasse les affections les plus sombres, et qu'elle excite souvent dans le cœur des mouvemens aussi délicieux qu'agréables, qui se répandent dans toute l'organisation. Les anciens n'ignoraient certainement point ce moyen aussi simple que puissant de soulager les maux qui nous affligent; eux qui appelaient la musique, le charme des maladies, *incantatio morborum :* les effets qu'elle produit sur l'économie animale sont si doux, et le calme qu'elle procure à l'âme est tel, qu'il n'est point surprenant que la plupart de ceux qui ont cultivé cet art enchanteur, aient obtenu l'étendue d'une vie prolongée. La musique, en excitant la sensibilité, qui est la source du goût, s'assimile à toutes les passions douces ; elle fait naître des conceptions élevées, et agit comme un puissant auxiliaire de la félicité humaine. C'est avec raison qu'elle a été regardée comme un des plus beaux présens du Ciel, et une des plus nobles inventions de l'homme; car, en nous appelant au plaisir, comme la philosophie nous appelle à la vertu, la nature nous invite par leur union au bonheur. C'est un art, dit Quintilien, qui mérite d'être cultivé par tous les hommes de bien ; et , sans porter la chose aussi loin que le faisait le fameux Luther sur ceux qui n'aiment pas la musique , nous devons dire que le vice de l'oreille pour cet art , fut souvent le compagnon du mauvais cœur. Polybe attribuait à la musique , l'humanité qui distinguait les Arcadiens ; et au mépris qu'en avaient les Cynéthiens , d'être le peuple le moins policé et le plus barbare de la Grèce. L'opinion qu'en avaient les anciens , et surtout Aulugèle et Athénée , prouve ses bons effets dans les maladies. On dit que le Centaure-Chiron , célèbre médecin de son temps , n'employait d'autre remède

que la musique, pour fléchir le naturel féroce d'Achille, son élève ; et que
David ne parvenait à calmer la fureur
de Saül, que par l'harmonie de sa
harpe. La nature a donné à l'homme
un goût et un penchant sûr pour le
chant et pour l'harmonie, qui lui
servent à exprimer sa joie dans les
temps de prospérité ; à dissiper son
chagrin dans ses afflictions ; et à soulager sa peine dans ses travaux. La musique calme les nerfs, et la fatigue les
dompte.

Si Sanctorius a dit avec raison,
comme j'en suis convaincu, qu'une
passion de l'âme ne doit point être

combattue par les remèdes, mais bien par une passion contraire, ce n'est qu'aux antispasmodiques moraux que le médecin doit avoir recours dans ces sortes d'affections, puisque les remèdes pharmaceutiques, loin d'être utiles, deviennent souvent funestes : en conséquence, le médecin sage opposera la distraction et la gaîté à la tristesse ; l'assurance à la frayeur ; la douceur et le calme à la colère ; et il cherchera à tirer l'esprit de sa contemplation ordinaire, en lui présentant adroitement des objets, qui puissent lui faire éprouver des impressions différentes ou contraires. Les secours moraux, qui sont les remèdes les plus puissans contre les affections de l'âme, ne se bornent pas seulement à celles qui sont réelles, et leur utilité s'étend à toutes celles qui ne sont graves que dans l'imagination de celui qui en est atteint.

Le médecin, dont le devoir comprend tout ce qui peut aider la nature, doit faire une attention toute particulière à la manière d'être, et à l'état de l'esprit de son malade; il doit le rassurer, calmer ses inquiétudes, dissiper ses alarmes, et lui faire même sentir sa faiblesse : si ce n'est pas attaquer directement son mal, c'est au moins détruire les spasmes et lever les obstades qui s'opposent aux efforts curatifs de l'organisme. Quant aux reproches, ou à la plaisanterie auxquels on peut quelquefois avoir recours, il faut bien se garder de croire que, malgré qu'ils soient maniés avec beaucoup de réserve et de prudence, ils soient sans aucunes conséquences fâcheuses pour ces sortes de malades, qui sont naturellement très-sensibles et très-irritables. Croire que leur maladie ne dépend que du pouvoir de la volonté, c'est une idée aussi fausse que paradoxale, et qui ne peut être que le fruit de l'ignorance.

M. Broussais, dont on ne peut trop

étudier la doctrine, était bien pénétré de cette vérité, lorsqu'il disait dans son examen de la doctrine médicale :
« Les souffrances du canal digestif sont réelles, et non des erreurs de perception, des rêves d'une imagination malade; en un mot, des vésanies. En effet, rien n'est si réel que les souffrances des hypocondriaques ; et je ne conçois pas trop comment un homme qui a le sens commun peut accuser de folie un malheureux, qui s'est plaint pendant une vingtaine d'années des douleurs les plus atroces et les plus singulières, lorsqu'il découvre dans l'estomac ou dans les intestins de son

5*

cadavre exténué, des squirres ou des
ulcérations. Ne cessera-t-on jamais de
séparer la douleur et les troubles sympathiques, qui ne sont autre chose que
la voix d'un organe souffrant, d'avec
l'état de ce même organe ! Que signi-
fient ces mots, l'hypocondrie d'abord
simple, se complique ensuite avec une
inflammation seule ? si l'hypocondrie
n'est pas prise pour un être, cela doit
exprimer que le point de sensibilité
des organes malades, qui cause les lésions sympathiques qualifiées d'hypocondrie, est devenue le siége d'une
phlegmasie désorganisatrice, à laquelle
il faut remédier avant qu'elle ait produit ces funestes résultats. »

Ces sortes d'affections sont, en général, d'une nature trop opiniâtre, pour céder à la plaisanterie et au sarcasme ; et il serait aussi absurde de vouloir dissiper avec l'arme du ridicule, une hydropisie de poitrine, qu'une maladie de l'esprit. Ce n'est que par des moyens indirects qu'on peut parvenir avec sûreté à détourner la préoccupation de ces malades de l'objet habituel de leurs méditations douloureuses, et surtout par des occupations manuelles ; car, nous le répétons ici, c'est au corps à travailler, quand l'esprit est malade. Vouloir arracher leur esprit d'un objet auquel il s'est pour ainsi dire identifié de-

puis long-temps d'une manière intime ,
c'est être presque certain d'occasioner
une lacération irréparable de sa structure. Ne semblerait-il pas que l'art
aurait voulu se venger de l'impuis-
sance où il est de les guérir, en les
traînant sur la scène , et les im-
molant à la risée , comme si le malheur , de quelques formes qu'il soit
revêtu , n'était pas un objet sacré. Ces
sortes d'affections ne sont malheureusement que trop réelles et même fatigantes par l'absence des symptômes
physiques ; par l'étrange amalgame de
tous les contraires ; par le défaut comme
par la nature des remèdes qu'on leur

oppose ; par l'éternelle mobilité qu'elles impriment au caractère ; par les tableaux bizarres et lugubres dont elles fascinent l'imagination ; et enfin par les poisons amers qu'elles répandent sur les plaisirs , sur les vertus , sur les talens , et par la teinte en quelque sorte romanesque qu'elles donnent aux pensées comme aux actions des malades.

Le moral exerçant sur les fonctions animales, une action plus forte, qu'on ne le croit généralement de nos jours, je suis fortement convaincu que , si par une détermination forte de la volonté, quelques hommes ont pu , dans certains cas, suspendre momentanément toute apparence de vie et la faire renaître à volonté, il est raisonnable de croire que l'on peut, avec la même résolution, suspendre ou diminuer au moins, pour un temps plus ou moins long, les symptômes d'une maladie, qui le plus souvent n'est grave que dans l'imagination de celui qui en est atteint. On peut dire ici, sans aller au‑delà des bornes de la vérité, que souvent on gémit sous le poids d'une indisposition grave, parce qu'on n'a pas su l'envisager dès le principe avec sang‑froid et courage, ou parce qu'elle a été combattue mal à propos, par des

remèdes purement pharmaceutiques ,
qui nuisent bien plus souvent, dans ces
sortes de cas, qu'ils ne sont utiles. Malheureusement ces sortes de malades ne
peuvent prendre sur eux une résolution
forte et durable , malgré qu'ils sentent
bien le prix du conseil qui leur est
donné par le médecin , de fuir toute
espèce de médicamens, et d'aller avec
courage à la rencontre de tout ; de se
rire de leurs vents , de leur constipation , de leurs vertiges , de leurs palpitations , de leurs bouffées de chaleur ,
et autres accidens de cette nature. « Il
n'y a point dans le monde , disait le
célèbre Redi , de plus grand et de plus

terrible ennemi du bien, que de vouloir être mieux. » Vérité, ajoute Pasta, qui, bien sentie des hypocondriaques, suffirait pour les guérir parfaitement, ou pour les faire vivre plus long-temps et avec moins de souffrance ; mais malheureusement, il est difficile de croire qu'une maladie dont le résultat est d'amener la faiblesse de l'esprit, puisse être guérie par sa propre énergie.

La conversation et la manière d'être du médecin, contribuant quelquefois plus à la guérison de la maladie que les remèdes proprement dits, il doit toujours la présenter du côté le plus favorable : ce qu'il dit doit constam-

ment aboutir à quelques motifs de con-
solation, et ne jamais laisser apercevoir
son embarras, et encore moins ses
craintes. Il lui est même permis d'exa-
gérer quelquefois l'efficacité des moyens
qu'il prescrit, lorsque les circonstances
l'exigent, puisque ses paroles sont autant d'antispasmodiques qu'il fait passer
dans l'esprit du malade, comme l'a fort
bien dit Celse.

Le pouvoir de l'imagination est tel,
que le résultat d'un remède dépend
souvent de la confiance qu'un malade
a dans les lumières de son médecin :
la foi donnera une vertu au médica-
ment le plus simple; tandis que le peu

de confiance dans l'habileté du médecin détruira souvent les effets du remède le mieux indiqué , et le plus
sagement employé. Il est nécessaire que
la disposition mentale du malade coopère avec ses remèdes pour leur donner toute leur efficacité. Quelque scep-
tique que puisse être un médecin ,
relativement aux qualités inhérentes ou
permanentes d'un remède , il est peut-
être de son devoir de tirer avantage
du crédit qu'il a dans l'opinion du vulgaire , et de se servir de la crédulité
de son malade , comme d'un instrument propre à rétablir ses forces corporelles , important peu que la guéri-

son soit effectuée par l'effet de l'imagination ou de l'estomac. L'homme
civilisé et élevé par l'éducation à son
véritable niveau de l'échelle des êtres,
participant plus du caractère moral que
du caractère animal, doit être beaucoup plus influencé par les remèdes
qui s'appliquent à son imagination, à
ses passions et à son jugement, que
par ceux qui sont dirigés immédiate-
ment vers les parties et les fonctions de
son organisation matérielle. Les maladies
de l'esprit comme celles du corps,
veulent être traitées par degrés. Dans
les unes comme dans les autres, le
talent est d'une grande ressource; et

celui-là en fera preuve qui saura amener ces sortes de malades par des sentiers imperceptibles , de la nuit ora-
geuse du désespoir aux ombres plus
douces de la tristesse , puis au crépus-
cule d'une tranquille résignation , et
enfin à la riante aurore de l'espérance.

L'art de guérir étant une science que
tous jugent , et que peu de personnes
sont en état d'apprécier , et le médecin
n'étant presque jamais choisi que sur
la foi ou sur le patronage de quelques
hommes en crédit , ou de quelques
femmes à la mode , pourquoi le vrai
médecin laisserait – il au charlatan tout
l'avantage sur lui ? pourquoi n'userait-il

pas d'un moyen excusable par son motif, et qui n'a rien qui puisse répugner à la conscience de l'honnête homme, dès qu'il n'excède pas les bornes fixées par l'honneur, et qu'il peut tourner au profit du malade? L'expérience n'a-t-elle pas souvent démontré qu'un assez grand nombre d'individus succombent à des maladies dont ils auraient pu guérir, s'ils avaient eu plus de confiance, de fermeté et de courage, ou plutôt, si le médecin avait su mettre en pratique ce que dit Fontenelle. « Un médecin, dit cet écrivain spirituel, a presque aussi souvent affaire à l'imagination de ses malades, qu'à leur poitrine, ou à leur foie; et il faut qu'il sache traiter cette imagination, qui demande des spécifiques particuliers. »

On en appelle à tout médecin instruit, qui a bien mesuré l'étendue de l'art de guérir, et qui connaît les bornes où il s'arrête : quels moyens plus sûrs à mettre en usage dans certains cas, que de faire naître par un langage doux et persuasif dans l'esprit du malade, la confiance, le désir de vivre, l'espoir de guérir, et surtout le courage sans lequel tous les autres moyens sont inutiles ? Ce n'est pas impunément qu'un médecin s'obstine à vouloir guérir par des remèdes plus ou moins actifs, des malades chez lesquels le délabrement des organes, et l'appauvrissement des liqueurs, ne sont que le triste résultat de l'ennui, de la tristesse, du chagrin et de toutes autres passions long-temps mises en jeu.

Il en est de même en général des affections spasmodiques et nerveuses, que l'on combat trop souvent et trop long-temps par les aqueux, les délayans, les relàchans, et par un régime trop sévère. Non-seulement une diète trop rigide, mais même des alimens trop légers, et susceptibles d'être absorbés avec une trop grand facilité, sont nuisibles; tandis que tout porte à croire qu'une nourriture douce, plus abondante, plus substantielle, et qui exige des organes de la digestion un certain déploiement des forces, serait de beaucoup à préférer. S'il fallait appuyer cette opinion, nous pourrions citer l'autorité de Bordeu, qui est d'un assez grand poids en pareille matière. Ce médecin éclairé dit en parlant des affections nerveuses : « Les délayans ne font qu'assoupir le mal, le défigurer sans le conduire à sa fin, et de simple et régulier, le font dégénérer en une source d'autres maux.» Pourquoi tant redouter l'usage des remèdes actifs ? Gorter avait déjà dit avant lui, que les relâchans et les calmans diminuaient et palliaient les maladies, mais qu'ils ne les guérissaient jamais; et qu'en abusant de ces remèdes, on fixait les affections au point de ne pouvoir plus les détruire. Je suis loin cependant de nier, que dis-je, je suis au contraire convaincu que la méthode de Pommer, ou toute autre analogue pourrait avoir, dans les mains des autres médecins, le succès qu'elle a eu dans les siennes. Ce que je dis ici des affections nerveuses, peut trouver sa juste application dans une foule d'autres maladies, qui, mieux éclairées par la doctrine physiologico-pathologique, sont soumises à un traitement et plus rationel et plus efficace.

Nous terminerons ici par le résumé suivant. Saisir en quelque sorte l'âme dans son agitation même, pour lui imprimer des mouvemens salutaires ; chercher par quelle combinaison d'affections douces et consolantes on peut adoucir les peines, les ennuis, les chagrins ; calculer la force réactive du sentiment sur les sensations ; étudier le langage qu'il faut parler à l'âme affectée ; la circonvenir ; la rassurer dans ses troubles ; la rappeler de ses écarts ; lui donner l'espoir sans la crainte ; l'activité sans inquiétude ; effacer des souvenirs pénibles ; adoucir les malheurs ; calmer sa sensibilité ; la faire planer au-dessous de tous les objets de ses affections tristes : tel serait un plan de thérapeutique morale, qui, combiné sagement avec les autres moyens que l'art peut offrir, deviendrait très-utile pour les malades, et assurerait enfin à la médecine et au médecin le degré de dignité et d'élévation, qu'une pratique banale et automatique si digne de tous les sarcasmes qui lui ont été prodigués, s'efforce vainement de lui disputer.

Vous, jeunes médecins, qui entrez dans la carrière à une époque qui promet tant pour l'avenir ! suivez l'exemple de quelques-uns de vos maîtres qui, comme Klein, font profession d'une médecine libre, et bientôt vous serez étonnés de la face nouvelle, et utile que prendra l'art de guérir. N'oubliez jamais que le génie regarde toujours devant lui, et non derrière; et que la région des découvertes à faire encore dans la médecine, est sans bornes : lisez les anciens et les modernes, avec les derniers vous apprendrez à bien expérimenter, et avec les premiers à bien observer. Pénétrez-vous bien de cette vérité médicale, que c'est sur la combinaison des secours moraux et physiques que vous devez fonder le succès de votre pratique; et que pour y arriver sûrement, il vous faut faire une étude approfondie de toute la nature, et particulièrement de cette merveille, l'homme ; assemblage bizarre, comme le dit fort bien le docteur Gall, des plus étranges contrastes, véritable chaos de contradictions, sorte d'énigme à beaucoup d'égards inexplicable, en même temps si intelligent et si borné, doué de raison et sujet à de si inconcevables folies, si grand et si petit, si digne enfin d'admiration et de pitié, prodige étonnant de dignité et de bassesse, roi et atôme dans cet univers où il rampe et où il règne.

FIN DE LA PRÉFACE DU TRADUCTEUR.

7

PRÉFACE

DE L'AUTEUR.

J'ABANDONNE à mes amis cet opuscule composé presqu'entièrement dans mes courses médicales. Si mon estime pour eux m'a déterminé à le publier, peut-être mon amour-propre y a-t-il eu encore une part plus active ? Les premiers me pardonneront, je l'espère, si je n'obtiens pas le suffrage public ; et le second sera plus réservé à l'avenir, s'il m'a induit en erreur. Dans l'un comme dans l'autre cas, j'aurai toutefois fait preuve de bonne volonté, en essayant d'écrire sur un sujet aussi nouveau en médecine, qu'il est important ; et cela m'encouragera peut-être à le retoucher, si je parviens à acquérir de nouvelles lumières, dont je puisse un jour l'enrichir avec plus de succès.

PROLÉGOMÈNES.

Il n'est personne qui, en visitant les malades, ne leur recommande le courage. Ce souvenir, ou souhait favorable, viennent d'un sentiment d'intérêt bien naturel envers ceux qui souffrent. Le véritable courage étant l'art de savoir supporter les maux dont on est atteint, on ne peut souhaiter rien de mieux, ni de plus utile à l'homme malade. L'avantage d'un tel souhait ayant été fortement senti dans tous les temps, il n'est pas surprenant que, sous le voile d'un seul mot passé presqu'en proverbe, on ait toujours conservé l'usage de l'exprimer à celui qui souffre.

7*

Personne ne s'étant donné jusqu'ici la peine d'examiner l'utilité de cette belle faculté de l'âme, ni d'indiquer les obstacles qui s'y opposent, ainsi que les moyens qui peuvent la développer, j'ai pensé qu'il appartenait à un médecin de s'en occuper : aussi j'y ai mis la main avec cette hardiesse, qui est l'effet d'une conviction intime ; mais, en même temps, avec la crainte de ne point réussir.

Si j'ai proposé la patience philosophique dans les maladies, aux hommes qui font usage de leur raison, j'aurais dû leur recommander encore plus fortement le courage, qui la donne et qui la soutient. En traitant ce sujet, la plupart de mes idées se sont portées sur celui que je publie pour l'instant , sans cependant renoncer aux principes que j'ai établis dans le premier Traité, dont je viens de parler : au contraire, je les ai réunis ici, parce qu'ils concourent à démontrer comment l'homme doit supporter les maux auxquels il est exposé.

Je n'ai cependant pas perdu de vue , qu'en écrivant sur un pareil sujet , je trouverais peu de matériaux dans la plupart des auteurs les plus portés à la médecine matérielle : aussi , livré à mes propres forces et à mes observations particulières , le besoin de dire la vérité me captive trop, pour que je me laisse aller au désir de flatter ; bien convaincu que le médecin ne doit point ressembler à l'écrivain uniquement occupé à plaire, lui important peu qu'il y réussisse, soit par la vérité, soit par le mensonge. Si je considère d'ailleurs que la tâche que je m'impose est conforme à tout ce que les vrais médecins mettent en pratique pour eux-mêmes quand ils sont malades, cela me confirme davantage dans l'opinion que j'ai : en effet, si j'examine le médecin dans les écoles, dans les cercles, dans son cabinet ou au lit des malades, je ris quelquefois de le voir prendre soin de lui-même, d'être à la piste de ses propres maux et de raisonner sur son propre compte ; j'admets même que ce médecin ne soit ni un homme ordinaire, ni crédule, ni systématique, il me semble, dans une telle circonstance, voir cet aruspice qui, en se rencontrant, au dire de Tullius, avec quelques-uns de ses collègues, fronçait le sourcil et riait sous cape, tandis qu'il affectait un air pensif et grave quand il était avec le reste de la multitude.

Il semblerait résulter de ce que nous venons de dire, que nous serions condamnés à avoir deux manières de nous exprimer, l'une du médecin, et l'autre du philosophe. On ne se sert de la première qu'avec la multitude, tandis qu'on ne devrait employer selon moi que la seconde. Par quelle fatalité les hommes ne se sont-ils accoutumés jusqu'à présent qu'à la première, de sorte, qu'à force de la répéter, ils en sont restés convaincus, et lui ont sacrifié la raison et le bon sens. Si la douleur et l'espérance ont donné naissance à un art aussi noble et aussi utile que celui de l'art de guérir, tout à coup la fourberie et la crédulité l'ont transformé en une chimère dans l'esprit des malades ; tandis que dans celui du petit nombre des vrais médecins qui se sont succédés dans le cours des siècles, il n'a fait que s'agrandir, et a toujours conservé le cachet d'une science vraie, utile et indépendante de tout sophisme : mais pour quelle classe d'hommes ai-je dit qu'on devrait employer le langage du philosophe, je veux dire, du médecin instruit et estimé ? pour ses semblables qu'on ne doit jamais tromper, et qui finiront tôt ou tard par s'apercevoir de leurs erreurs, et de la confiance aveugle et excessive dans laquelle nos systèmes et notre manière de raisonner, les avaient jetés.

Quoiqu'il ne m'appartienne point de faire l'éloge du traité du Courage et de la Patience dans les maladies, cependant je puis assurer le lecteur que ces deux principes de l'art de guérir servent de base aux médecins instruits lorsqu'ils tombent malades, et que c'est sur eux qu'ils établissent les lois de leur guérison. Quoique ceci paraisse étranger à mon sujet, néanmoins il a une telle force, qu'il devrait suffire pour porter la conviction dans l'esprit de ceux qui réfléchissent un peu ; et quoiqu'on entende quelquefois objecter par la multitude que les médecins ont rarement l'habitude de prendre des remèdes, de se faire saigner

et de mettre en usage tout ce qu'ils pres-
crivent aux autres, je ne vois pas pourquoi on envisagerait l'art de guérir comme
moins utile, et pour quelle raison l'exemple de notre conduite ne triompherait pas
de la crédulité et de la sottise du vulgaire. Qu'on ne vienne pas dire qu'il
aime à être trompé ; car, s'il l'était réellement, ce serait à la honte de cette noble
profession.

Moi aussi, je fais preuve de courage
en indiquant ses propriétés, et en exhor-
tant les autres à en avoir dans leurs maladies. Les formules de la pharmacie sont
désormais devenues trop nombreuses, pour
qu'on soit obligé d'en ajouter de nouvelles. Nous sommes heureusement arrivés au

moment où les études plus soignées se dirigent vers les remèdes tirés de la morale, et ont plus de crédit qu'ils n'en ont eu par le passé. Nous devons ce bienfait à l'expérience qui est le meilleur guide que les médecins puissent suivre. J'avoue que c'est à elle à qui je dois le peu de lumière que je me propose de répandre sur une des facultés de l'âme, qui est souvent le moyen le plus efficace pour guérir les maladies auquel le corps humain est exposé.

Je voudrais qu'il fût en mon pouvoir de démontrer l'essence et la manière dont cette faculté agit sur le corps vivant, en même temps que j'en mentionne les effets ; mais ce sont des secrets de la nature, qui n'admettent que des hypothèses, et mal—

heureusement, nous n'en avons eu que trop jusqu'à ce jour : tant que l'on ne découvrira point de quelle manière une substance simple, tel qu'est le courage, peut agir sur une substance composée, et *vice versá*, ce sera toujours une question impossible à résoudre. Nous n'avons que des résultats que nous ont laissés dans leurs immortels écrits, les célèbres Loke, Bonnet, Jean-Jacques Rousseau, Condillac, Soave, etc. Je les réunis ici, pour prouver, autant qu'il est possible, les facultés et les influences de l'âme, et en particulier, celle du courage.

L'âme a la faculté d'agir par elle-même, soit intérieurement, soit extérieurement.

Dans la sensibilité, ou dans la faculté

de sentir, elle est plutôt passive qu'active ; n'étant point en son pouvoir de se donner une sensation, sans que le corps n'agisse sur elle, et ne pouvant pas l'éviter, quand celui-ci la lui donne.

Dans la réflexion, ou dans la faculté de réfléchir, l'âme commence à être active, parce qu'il dépend d'elle de fixer l'attention sur ce qu'elle veut.

Dans la mémoire, ou dans la faculté de se rappeler, elle est active et passive, puisqu'elle peut se rappeler et se représenter d'elle-même une idée.

Dans la volonté, ou dans la faculté de vouloir, elle est toujours active ; car elle se détermine d'elle-même à quelque chose que ce soit.

Quand l'âme use de la faculté de la volonté, elle peut l'étendre encore hors d'elle-même, c'est-à-dire, sur le corps ; et, dans ce cas, une telle faculté est totalement distincte des précédentes ; ce qui l'a fait appeler force motrice, parce que son effet consiste principalement à exciter dans le corps divers mouvemens : or, dans le courage, l'âme est toujours active, parce qu'elle use de la faculté de l'avoir, c'est-à-dire, d'avoir une force plus grande d'agir en dedans et en dehors d'elle ; ce qui équivaut dans ce cas au mot courage. Donc, quand on dit que l'âme se détermine à s'animer de courage, c'est la même chose que si l'on disait qu'elle se détermine à user d'une plus grande force dans ses opérations. On sait que ces mouvemens sont

appelés libres et volontaires par opposition
aux autres mouvemens qui sont innés en
nous, et qu'on appelle nécessaires et vitaux. Les premiers se bornent à ceux qui
dépendent, je dirai presque du commandement visible de l'âme, telle que l'action
de mouvoir un bras, une jambe, etc. Les
autres, à ceux qui ont lieu dans le corps
humain par son propre mécanisme, comme
le mouvement du cœur, le mouvement
intestinal, etc.

Quoiqu'il paraisse résulter de ce qui
vient d'être dit, que l'âme pleine de courage ne dût servir à autre chose qu'à exciter avec plus de force les premiers mouvemens qui viennent d'elle, et non les mouvemens mécaniques et naturels; et par con-

séquent , qu'elle ne devrait influer que très-peu sur les maladies qui affectent la plupart des viscères sur lesquels elle ne peut agir , néanmoins , quel est celui qui pourrait fixer d'une manière précise cette ligne de séparation entre les mouvemens volontaires et vitaux , de manière à admettre dans les uns , et à exclure entièrement dans les autres , tout rapport de l'activité de l'âme ? Qui ne voit pas, au contraire, que dans les mêmes viscères sur lesquels on prétend que l'âme n'a point de puissance, elle y maintient la vitalité, qui dépend entièrement d'elle , et que par conséquent la raison veut aussi qu'il existe entre les viscères et elle un rapport? Qui ne sait pas qu'une infinité de nerfs qui proviennent , les uns du cerveau, les autres de la moelle épinière, servant à leur mouvement, ainsi qu'à leur sensibilité, et faisant, pour ainsi dire, si je puis m'exprimer ainsi, les fonctions de ministres de l'âme, se répandent dans ces mêmes viscères ? De qui sont ignorés les mouvemens extraordinaires qui arrivent quelquefois aux organes vitaux à la suite d'une secousse imprévue de l'âme, tels qu'un tremblement général, des palpitations de cœur, de la difficulté de respirer et autres accidens semblables occasionés par la frayeur, par la joie, par le chagrin, ou par toute autre passion forte.

Quoiqu'on pût conclure de ce qui vient d'être exposé fort brièvement, que le pouvoir de l'âme n'est pas borné seulement à

quelques parties de la machine corporelle,
mais qu'il agit universellement sur elle ;
que le pouvoir ou influence est plus évident dans quelques parties seulement ;
qu'il est plus ou moins décisif et efficace
dans les unes que dans les autres ; et enfin
plus circonstancié , plus doux , ou plus
obscur dans quelques-unes ; cependant il
ne s'ensuit pas que quelques traits de
l'activité de l'âme ne puissent tomber sur
chacune d'elles. C'est pour cette raison
qu'il ne se passe rien dans l'économie animale qu'il ne nous soit indiqué par des
observations médicales n'avoir eu quelque
phénomène particulier à la suite de quelque mouvement semblable de cet être
immatériel ; et , quoique nous ne puis-
sions point expliquer la cause de pareils

phénomènes, ainsi que de beaucoup d'autres plus communs que nous voyons journellement avoir lieu, le fait n'en est pas moins incontestable.

L'âme, en mettant le courage en action, peut donc susciter dans les maladies de ces changemens qui autrement n'auraient pas lieu ; et par conséquent produire de cette manière un soulagement qu'on attendrait inutilement de tout autre moyen, soit qu'il agît par lui-même, soit que la médecine mécanique concourût par-là au même objet. Je passe maintenant à leur exposition.

DU

COURAGE

ET

DE LA PATIENCE

DANS LE TRAITEMENT

DES MALADIES.

———

Le courage est le sentiment le plus noble et le plus puissant dans toutes les actions et dans tous les besoins de l'homme, et en même temps le plus nécessaire et le plus utile chez les malades. Quelque dé-finition que l'on en donne, elle sera toujours fort au-dessous de l'idée qu'on peut s'en former, à son nom seul, quelque grande qu'elle puisse être. Si l'on désire chez les malades, la confiance, la docilité, l'espérance et tout autre sentiment semblable, cependant toutes ces choses sont bien faibles en comparaison du courage, et sont mêmes inutiles, s'il ne vient pas les fortifier, les soutenir et les augmenter.

Le courage est au moral ce que le mouvement est au monde physique : celui-ci crée, anéantit, conserve, vivifie tout, de manière que sans lui tout est mort. Le courage agissant à peu près de même sur notre âme, son action quelconque se communique au corps sous di-

vers rapports et avec des effets différens.
C'est lui qui nous fait supporter avec
moins de peine le tourment des maux
que nous éprouvons : c'est encore lui qui
nous donne cette douce patience dans les
maladies, et ce calme imperturbable dont
elles ont besoin, pour parcourir leur mar-
che d'une manière régulière ; qui excite
la résistance à la multitude de symptômes
morbifiques ; qui avive les sécrétions, les
excrétions et les crises ; qui corrobore tous
les mouvemens et toutes les fonctions du
système solidaire ; c'est lui qui, enfin, accroît la force des remèdes, et la docilité aux
conseils des médecins. C'est ainsi que tout
s'unit pour soutenir le malade, jusqu'au
bord de la tombe, quand l'âme a des forces
suffisantes pour se gouverner dans les cala-

mités du corps , dit d'une manière positive le célèbre Zimmermann , dans son excellent traité de l'Expérience en Médecine.

S'il est vrai , comme le dit Jean-Jacques Rousseau , que le corps devenu faible affaiblit l'âme , comment pouvoir espérer le courage dans les maladies, dans lesquelles quelque vigueur mâle de l'âme dépend , selon cet auteur, du bon état et de la force du corps? Sa réponse est simple, en remédiant au désordre de l'un et de l'autre par les moyens que l'art possède.

Les facultés de ces deux êtres , n'importe comme on les envisage , ne sont pas toujours liées dans un tel rapport en-

tr'elles , qu'elles ne puissent être fré-
quemment distinctes et susceptibles de
diverses impressions et changemens; et
quoique nous voyions quelquefois le
corps exercer un empire despotique sur
l'âme, cependant celle-ci n'est pas toujours esclave , ainsi qu'on le voit fré-
quemment chez certains hommes qui
éprouvent des incommodités assez graves,
et les supportent sans que leur âme en
soit nullement ébranlée. Si la religion nous
en fournît des exemples nombreux , la
philosophie stoïque ne connaît que cette
loi. L'homme courageux dans les maux
physiques , se retrouve partout , et les
Scarron, les Restituti, etc., maltraités dans
leur organisation et calmes dans leurs souf-

frances, ne sont pas des phénomènes fort rares.

Il y a donc, dans la nature, le moyen de détacher, pour ainsi dire, la sensation résultante du corps, ou de lui résister de manière à n'en pas recevoir dommage ; ou enfin , celui de se procurer une force d'âme telle qu'elle lui serve non-seulement à émousser cette vive sensation, mais encore à reporter sur les causes physiques désagréables, la modération, l'ordre et même leur disparution : mais , comme les maladies qui proviennent de l'âme sont très-nombreuses, et ne sont pour la plupart susceptibles d'être guéries que par le changement et la réforme de l'âme même , la raison veut aussi qu'elle soit également puissante , pour prêter , pour ainsi dire , secours au corps dans toutes les maladies dont il peut être attaqué. S'il y a un changement , ou une manière d'être de cet être immatériel qui soit universellement utile dans presque toutes les péripéties du corps, et qui soit par-dessus tout à désirer et même nécessaire , c'est celui qui lui donne une certaine force et élévation qui font que celui qui souffre ne craint point le mal , et qu'il ne se plaint point ; ou que s'il arrive que la crainte et la plainte s'emparent de lui, il le fait sans s'avilir , et sans étouffer cette voix intérieure , qui sans cesse lui dit, qu'il faut être grands et forts dans les maux qui nous affligent ; c'est-à-dire, courageux

pour nous mieux disposer à un changement heureux.

Je crains bien que celui qui cherchera
à en approfondir les motifs, n'atteigne que
difficilement le but ; et j'avoue, que loin
d'être en état de pouvoir les démontrer ,
je confesse, au contraire , que je ne les
connais point. « Eh quoi ! s'écria dans une
circonstance semblable, le docteur Soave ,
cet orgueil superbe et mal entendu, doit-
il nous empêcher d'avouer franchement
que nous ne savons pas ce que nous ne
savons pas réellement ? » Il me suffit d'indiquer ce qui arrive à l'homme malade,
et d'en donner l'explication qui me pa-
raîtra la plus probable. « L'auteur de la nature , écrivait le célèbre Saint-Évremont ,

n'a pas voulu que nous pussions connaî-
naître ce que nous sommes ; et après y
avoir-inutilement médité, on trouve que
c'est sagesse de n'y plus songer , et de se
soumettre à la volonté de la Providence,
ou à l'ordre immuable des choses. » L'observation des faits est donc la seule chose
qui puisse nous servir de règle.

On observe constamment que le courage est en proportion de la passion que
l'on éprouve , et que plus elle est forte,
plus le courage s'agrandit. La passion qui
excite en nous le désir de notre plus grand
bien temporel, telle que l'existence et la
conservation de nous – mêmes, si elle est
beaucoup plus forte que toute autre, doit,
ainsi que le courage, suscité par elle et

pour elle, vers le but auquel elle tend ,
être plus prompte , plus considérable et
plus forte, que vers tout autre but. Le
courage , ministre pour ainsi dire d'une
telle passion , devient le germe produc-
teur d'une véritable énergie, et en même
temps le ressort le plus fort qui porte les
instrumens de la machine corporelle au
ton le plus propre à résister aux douleurs,
aux dangers et à la mort même.

Les grandes actions des héros qui doivent naissance à ce beau sentiment né des
passions de la gloire , de l'intérêt, de l'é-
mulation ou des sciences, seront toujours
moins appréciées, que celles opérées par
cet autre sentiment né de la passion la
plus naturelle et la plus forte, je veux

dire, celle de la santé et de la vie. Si le courage échappe aux héros, vous les voyez languir sans activité, là où ils se sont arrêtés, et ne plus marcher vers leur but glorieux : de même, l'homme malade qui sent le besoin, et qui a l'instinct et le désir de guérir, languit malheureusement dans ces pensées, dans cette volonté et dans cette passion, si le feu vivifiant qui allume et fortifie de semblables affections intérieures, et qui les anime assez pour s'opposer à l'ennemi, je veux dire à l'indisposition, ne s'empare pas de lui.

Quoique le tempérament et l'éducation contribuent grandement au développement ou à la privation du courage, néanmoins une foule de choses peuvent le détruire, le procurer ou le ranimer. Cette observation résulte de l'habitude de voir divers malades attaqués des mêmes maladies, et de les entendre tous diversement se plaindre, s'épouvanter, délirer, être tranquilles, souffrans, résignés, ou courageux : cette différence, en pareil cas, ne dépend pas autant de la différence de l'habitude dans la manière de sentir et de supporter ses incommodités, que de celle qui nous vient, soit de cette constitution du corps appelée tempérament, d'après laquelle l'homme sent, et à raison de ce qu'il sent, pense et agit, soit de la manière dont nous sommes élevés physiquement et moralement. Cicéron a dit que l'habitude ne serait jamais plus forte que la nature, parce que celle-ci est invincible : la chose serait vraie, si la plupart de nous n'avaient pas altéré leur âme par des fantômes, par le délire, par l'oisiveté, par la langueur, par la paresse, et enfin, par tout ce qui pouvait lui être nuisible.

Le caractère naturel ou accidentel des malades, se reconnaît beaucoup mieux dans l'homme malade, que dans toute autre circonstance de la vie. L'efféminé, le magnanime, le peureux et le brave, l'inconstant et le constant, l'indocile et le docile, nous autres médecins, nous les découvrons facilement dans leur chambre et sur leur lit de douleur, tandis que les autres hommes les reconnaissent difficilement ailleurs ; d'où il résulte que tout ce qui élève ou donne le courage est plus ou moins utile, selon la différence des tempéramens et de l'éducation. Il est bon d'avoir toujours sous les yeux cet avertissement, afin qu'on puisse, dans le cours de ce traité, étendre ou restreindre, d'après cette règle, les propositions qui pourront se mettre en rapport avec la somme du courage.

La peur des maladies est une des causes premières de la perte du courage ; et quoiqu'il soit très-naturel de craindre ce qui peut nous ôter la vie, ou même tourmenter simplement notre existence, il ne faut jamais perdre de vue, qu'en géuéral le sentiment de la peur est funeste. Le célèbre Wansvieten dit qu'elle diminue la force du cœur, qu'elle affaiblit le pouls et le rend sur l'heure même irré-gulier et intermittent. Falconet ajoute que, pendant les effets de la peur, la circulation se ralentit quelquefois à un tel point, que le sang ne sortirait pas même d'un vaisseau ouvert. La pâleur, les trem-blemens, les évanouissemens, en sont les symptômes ordinaires : les hémorragies s'arrêtent ainsi que les sécrétions natu-relles, telles que les menstrues, le lait et la transpiration ; néanmoins cette der-nière augmente aussi quelquefois ; mais la sueur qui en résulte, est froide, comme cela a lieu dans les syncopes, et dans les grandes faiblesses. La diarrhée, la jau-nisse, les pâles couleurs, les obstructions, les squirres, la gangrène sont aussi quelquefois le résultat de la peur, ainsi que la diminution des forces digestives, la naissance des maladies venteuses, et autres du tube alimentaire , le tremblement des membres, la mélancolie, la folie, la paralysie, l'apoplexie, l'épilepsie et la mort subite.

Si la peur occasione des désordres aussi grands chez des individus d'ailleurs sains et robustes (et il n'y a point d'auteurs qui ne lui en attribuent de nombreux et de graves), combien ne sera-t-elle pas plus dangereuse, ou au moins plus propre à aggraver les maladies chez les hommes faibles, et qui craignent excessivement les souffrances qu'ils éprouvent? Le docteur Buchan remarque avec raison qu'on ne peut être blâmé de chercher à conserver sa propre existence ; mais, si le désir en est porté trop loin, il conduit souvent à des craintes excessives et à la perte de la vie même. La crainte et l'effroi, continue-t-il de dire, abattent l'âme et donnent non-seulement naissance à des maladies, mais même les rendent funestes, et les font triompher du courage le plus intrépide.

On a considéré la peur comme étant capable de produire certains maux que quelques personnes ont remarqué succéder en effet quelquefois au mal même qu'on redoutait. Les annales de médecine nous fournissent des exemples de morts arrivées par suite de grands malheurs dont on s'était

frappé, ou qui ont été le résultat d'un pré-
sage hasardé , d'un sortilége , d'une impos-
ture, ou d'une maladie épidémique.

Les hypocondriaques nous en fournissent
la preuve la plus étrange , et s'ils ne succombent pas réellement aux maladies dont
ils se croient attaqués, au moins ils fatiguent
tellement leur imagination qu'ils se trouvent plus mal de leurs incommodités ; de
sorte que vous les voyez courir presque
comme des fous après la recherche d'un
médecin, persuadés qu'ils sont attaqués
de la maladie qu'on leur a dépeint, ou
dont on les a menacés ; et peu s'en faut
que chaque jour ils n'accusent une maladie nouvelle, selon qu'ils l'ont entendue raconter, ou qu'ils l'ont vue chez les

autres ; d'où il résulte que travaillés par une peur aussi puérile, ils se plongent de plus en plus dans des maux qui les tourmentent jour et nuit, quoique dans le fait ils ne soient attaqués d'aucune maladie réelle.

Les femmes enceintes et en couches, en fournissent beaucoup d'autres preuves, que Buchan, que nous avons déjà cité, crayonne en bon praticien, quoiqu'il semble peut-être avoir trop chargé le tableau. « La plus grande partie de ces femmes, dit-il, qui sont mortes dans cet état (c'est-à-dire, pendant la grossesse, ou pendant les couches) avaient été frappées de l'idée de ce genre de mort, long-temps avant qu'elle arrivât, et tout

porte à croire que cette vive impression
en a été souvent la seule cause. La sottise
qu'elles ont également de ne parler de
l'accouchement que pour le représenter ac-
compagné de douleurs et suivi de dangers,
leur est excessivement nuisible. Un très-
petit nombre d'entr'elles périssent pendant
le travail, quoiqu'un assez grand nombre
meurent pendant les suites des couches ;
ce qui peut s'expliquer de la manière sui-
vante : une femme se trouvant faible et
épuisée après avoir accouché, se croit aussitôt dans le plus grand danger ; et cette
peur est telle, que souvent elle arrête les
lochies si nécessaires, et d'où dépend son
rétablissement ; c'est ainsi que les femmes
sont souvent les victimes de leur imagination, tandis qu'elles ne courraient aucun

danger , si elles n'en avaient pas une si forte appréhension. Il arrive rarement dans une grande ville que la mort de deux ou trois femmes en couche , n'entraîne après elle celle de quelques autres femmes qui se trouvent dans le même cas. Si une femme enceinte vient à savoir que celle qui vient de mourir était grosse, tout à coup son imagination se frappe et lui fait craindre le même sort ; ce qui fait que cet accident devient quelquefois épidémique, par la force seule de l'imagination. Que les femmes grosses bannissent donc loin d'elles toute espèce de crainte , et qu'elles évitent , à quelque prix que ce soit, de se trouver avec ces commères, qui ne cessent de les entretenir des funestes accidens survenus aux autres ! On doit en général écarter avec le plus grand soin tout ce qui peut affecter vivement l'ima-gination d'une femme, soit enceinte, soit en couche.

» Le plus grand nombre des femmes qui meurent en couche, le doivent en grande partie à la coutume ancienne de sonner toutes les cloches d'une paroisse pour cha-que personne qui meurt. Celles qui se croient en danger, sont ordinairement très-curieuses ; et si elles viennent malheureu-sement à savoir qu'on sonne pour une femme morte dans un état à peu près semblable à celui où elles se trouvent, quelles conséquences funestes ne doit - il pas en résulter ?

» De quelque manière que les femmes

enceintes ou en couche apprennent la mort de quelques personnes de leur connaissance, elles sont tellement disposées à craindre pour elles le même événement, qu'on ne peut qu'avec la plus grande difficulté les convaincre du contraire. L'usage de sonner les cloches n'est pas seulement pernicieux aux femmes en couche, il l'est également dans beaucoup d'autres circonstances. Dans les fièvres dites malignes, dans lesquelles il est si difficile de soutenir le courage du malade, quel effet ne produira pas sur lui une cloche funèbre dont il sera étourdi cinq à six fois par jour ? Il est indubitable que son imagination frappée lui fera croire que ceux pour lesquels on sonne, sont morts de la maladie dont il est lui-même attaqué. Cette crainte agira avec plus de force pour abattre son courage, que tous les cordiaux de la pharmacie n'en auront pour le guérir. »

Le traducteur et commentateur de Buchan ajoute fort judicieusement à ce passage en disant : « Si le son des cloches fait une si grande impression sur les malades, que ne fera pas la vue des cadavres et tant de formalités mortuaires, qu'on a coutume de pratiquer dans les hôpitaux? » Cela n'est malheureusement que trop vrai; car la terreur qui se répand dans ces asiles sacrés, traîne toujours après elle un danger plus grand pour les malades qui s'y sont réfugiés. L'humanité en frémit, et les remèdes ne sont pas en même temps toujours prompts à soulager les maux qui en résultent, ou ne sont pas exécutables, non-seulement dans les hôpitaux, mais même partout où, malgré l'empressement que l'on met à faire les funérailles, le genre de sépulture, la pompe des obsèques servent quelquefois plus au passe-temps des vivans, qu'ils ne sont utiles aux morts, comme le dit fort bien saint Augustin. »

« Si on ne peut pas abolir entièrement de pareilles cérémonies, dit encore Buchan, on devrait au moins tâcher de les éloigner de la vue des malades, de les distraire et d'y opposer d'autres pensées, afin qu'ils soient moins susceptibles des mauvais effets qu'elles peuvent produire. La douce per-suasion et l'habileté du médecin peuvent, en pareil cas, modérer infiniment de semblables désordres et même les dissiper à l'aide du courage , ainsi que tant d'autres qui ne concourent que trop à porter l'inquiétude et le découragement dans l'âme de ces malheureux dont un grand nombre est la victime de pareilles causes qui, malgré qu'elles soient externes, n'en sont pas moins puissantes pour les augmenter. »

Je sais qu'on prétend que la peur n'est pas toujours funeste, et qu'on dit même qu'elle a guéri des maladies contre lesquelles l'art était impuissant. Des muets qui ont parlé ; des sourds qui ont recouvré l'ouïe ; des paralytiques qui ont marché ; des malades enfin attaqués de maladies inflammatoires, qui ont eu une sueur critique, tels sont les faits attribués à la peur : mais ce sont de ces prodiges qui doivent peut-être être comptés au nombre de ceux effectués par les poisons, par la magie, et par des moyens extraordinaires. Néanmoins, en analysant avec soin les guérisons attribuées à la peur, n'entrevoit-on pas que c'est le courage qui a lieu, et qui vient, pour ainsi dire, au secours de l'individu, prêt à succomber dans les derniers momens où la peur agit encore sur lui ? Le dernier effort est celui qui peut faire naître le désespoir ou le courage. Le célèbre Milton prétend que la crainte et l'espérance marchent toujours ensemble, et d'un tel couple, dit-il, naît ordinairement le courage ; c'est-à-dire que l'homme dont la crainte s'empare, tourne de suite sa pensée vers l'espérance ; et lorsqu'il est convaincu que tout espoir est perdu pour lui , il ne peut supporter sa peine , et il se jette dans le parti violent d'un effort plus grand : d'où il résulte évidemment que le courage dont il est susceptible, est ce qui donne la vie à tout. Un tel courage fait chez l'homme du monde ou un grand héros, ou un grand malfaiteur : chez l'homme malade, il ne fait qu'ébranler puissamment ses nerfs , remuer convenablement ses humeurs, et préparer le premier état de la crise, qui est bientôt suivi d'un second , c'est-à-dire, de la santé.

La tristesse est une affection qui affaiblit également le courage. Le célèbre Camus compare, dans sa Médecine de l'Esprit, la joie à un prisme qui répand les plus belles couleurs sur les objets, et la tristesse à un verre magique qui pénètre la surface des objets, les dépouille de leur enveloppe, et ne laisse plus voir aux yeux du spectateur, qu'un squelette hideux et décharné. Telle est la loi de la nature de nos sensations, qu'une image affreuse et épouvantable nous frappe et nous intéresse plus qu'une autre qui est belle et riante : d'où il résulte que la tristesse agit d'une manière plus forte sur nous et par conséquent écarte l'autre affection qui lui est contraire, je veux dire le courage qui succombe, malgré qu'il représente ordinairement les objets sous un meilleur aspect.

Le même Camus distingue deux espèces de tristesse, l'une réelle et positive, l'autre imaginaire et qui vient d'un faux principe. La première est fille de la douleur; la seconde, de l'opinion. De quelque source qu'elle vienne, elle est toujours rangée parmi les passions les plus nuisibles; car la colère, la peur, le désir, l'amour nous laissent au moins des intervalles ; tandis que la tristesse nous persécute sans cesse et devient tellement habituelle, qu'elle affaiblit les bonnes qualités de l'âme, et imprime au tempérament même son mauvais caractère ; de manière que ceux qui tombent dans la tristesse, succombent soit par l'effet de la tristesse même, soit par la mauvaise influence qu'en reçoivent les autres infirmités particulières, dont ils étaient attaqués.

La raison étant l'apanage de l'homme, il doit s'en servir pour triompher de la tristesse, soit qu'elle vienne de la cause mentionnée ci-dessus, c'est-à-dire, de la douleur ; soit de la seconde, je veux dire, de l'opinion. On peut éprouver de la douleur et sentir le poids du mal, sans cependant s'en attrister, s'en épouvanter, et sans en devenir mélancolique et inquiet ; avoir une âme inférieure au sort que l'on éprouve, est une lâcheté. Les traits de courage philosophique, qu'on lit dans l'histoire, d'hommes forts dans l'infortune et dans les indispositions physiques, sont

11*

des exemples qu'on doit avoir constamment sous les yeux , d'autant plus qu'ils sont commandés par la religion , par le sens commun et par les saines lois de la médecine, qui nous disent que c'est accroître les maux , que de les unir à une souffrance opiniâtre et péuible. Quand l'homme malade ne se laisse aller ni à la peur , ni à la tristesse , et qu'au contraire il prend courage , il se place communément dans une position plus propre à supporter tous les maux qui l'accablent; et s'il est presqu'impossible de ne pas éprouver quelque infirmité , que serait-ce donc , si un individu malade venait à tomber dans la tristesse , et conséquemment ajouter un mal à un autre?

On doit désirer, pour guérir, que toute la machine se maintienne dans un juste équilibre d'action et de réaction, de manière que toutes les fonctions naturelles, quoique dérangées ou altérées, reviennent à leur premier état par les simples efforts des forces naturelles du corps, ou par les moyens que l'art possède. Cela aura d'autant moins lieu, qu'un nouveau désordre concourra à augmenter le trouble des opérations naturelles et intimes de l'organisation physique.

L'observation nous apprend que la tristesse jette toute la machine dans un désordre complet ; que l'appétit languit ; que les digestions sont interrompues ; que l'esprit et les nerfs tombent dans un état d'épuisement ; que les humeurs s'altèrent , et qu'une foule d'autres affections ont lieu dans tous les viscères , ainsi qu'on le voit, d'une manière évidente dans les maladies scorbutiques, putrides et contagieuses , auxquelles se réunit presque toujours la tristesse.

Plus une maladie est aiguë , plus il convient ordinairement d'avoir recours aux remèdes prompts, efficaces et positifs ; tandis que si elle est chronique, on doit au contraire l'attaquer par le régime de vie le plus exact et le plus soutenu ; et, sur ce point, les anciens et les modernes sont parfaitement d'acord. Il n'y a que le courage qui puisse faire prendre un parti positif dans ces sortes de cas ; mais si les malades se laissent aller à la tristesse , ils ne feront ni l'un ni l'autre ; ce qui occasionera un double retard , apportera un obstacle à leur guérison , et pourra même les conduire au tombeau.

Si ce qui a été dit jusqu'ici paraît être propre à dissiper cette tristesse qui dérive de l'existence de la maladie , ou de la douleur , combien ne doit-il pas être plus utile pour dissiper celle qui n'est qu'idéale et sans fondement ? Cela une fois posé , il n'y a que le médecin sage qui puisse dissiper une passion si funeste , si contraire à la guérison et au rétablissement du malade , et si peu propre à faire renaître le courage bienfaisant , qui dispose si bien au rétablissement mécanique des diverses parties du

corps humain , et à l'emploi utile et salutaire des remèdes qui peuvent être prescrits.

La piété est presque analogue à la tristesse , je veux dire cette piété mal entendue que quelques personnes professent
par un faux principe de religion. Michel
Montaigne dit avec raison , que la tristesse est pour certaines gens l'ornement de
la sagesse , de la piété et de la conscience :
sot et vilain ornement ; car c'est une qualité toujours faible , toujours folle et même
dangereuse. La gaîté , la grandeur d'âme,
l'héroïsme et le courage , sont en quelque sorte un crime pour ces sortes d'individus. Lorsqu'ils sont malades ils prennent une physionomie toute lugubre et

pensive, et leur maintien n'est que celui d'une profonde mélancolie. Ce qui serait capable de réveiller le courage chez les autres, de raviver les traits et les forces, n'est nullement en rapport avec de pareils êtres, et ne sert, pour ainsi dire, qu'à les concentrer davantage dans leur humeur sombre. Si on leur parle de leur maladie, si on leur dit qu'elle n'est que passagère et de peu de conséquence, ils ne veulent pas le croire et s'affectent à un point tel, qu'ils ne conçoivent même pas la nouvelle consolante qu'on leur donne de l'amélioration de leurs maux, quoique la chose soit évidente. Les remèdes sont superflus pour eux, et la volonté divine qu'ils reconnaissent en tout, est la seule qu'ils aient sur les lèvres et dans le cœur, ne voulant rien faire qui puisse selon eux la contrarier. Ils la défigurent au gré de leur imagination fantastique; ils lui donnent un aspect qui lui est totalement étranger, et portent leur délire jusqu'au point même de se la représenter comme ennemie de leur existence, et de cet art qui n'a pour but que de la maintenir.

Une pareille piété professée sous le titre de religion chrétienne, nous prouve elle-même qu'elle n'est pas raisonnablement telle; car elle nous montre plutôt d'un côté, le sentier de la vie tout encombré de peines et de malheurs; et de l'autre le devoir de nous y montrer avec cette magnanimité propre à la résignation chrétienne, et avec des sentimens qui, loin d'inspirer de la timidité, de la lâcheté, de la faiblesse et de l'indocilité, tendent au contraire à nous procurer la patience, la pratique consolante des vertus, et principalement le courage qui est plus propre à soutenir et à élever notre résolution, à supporter nos peines, et même à nous en faire un mérite religieux. Souffrir et travailler est le destin des mortels ; le repos seul est dans le ciel : sentence répétée par Voltaire, et que Thomas a exprimée avec beaucoup d'énergie dans son ode sur les devoirs de la société.

La honte, et j'entends par-là cette douleur et le trouble que nous donnent les maux que nous éprouvons, est quelquefois aussi préjudiciable, et s'oppose également au développement du courage. Elle a lieu chez les personnes pusillanimes et d'un talent médiocre, principalement lorsqu'il est question des maladies qu'elles désireraient tenir cachées. Si elles ne les avouent pas par la sotte crainte de faire connaître leur état, elles seront encore plus cachées, lorsqu'il s'agira de se prêter à ce qui leur sera proposé, dans la crainte seule d'être connues. Une semblable retenue leur est aussi préjudiciable qu'elle est injurieuse pour le médecin, qui professe un art trop philosophique pour s'étonner et pour ne pas compatir aux faiblesses humaines. S'il est instruit, et s'il s'est fait une étude particulière du cœur humain, il saura bien en pareil cas démêler ces dissimulations puériles, et susciter à ces sortes de malades le courage d'avouer le mal dont ils sont attaqués et d'entreprendre un traitement qui les rende à la santé.

Les antipathies sont un autre vice qui s'oppose au courage. Ne pouvoir vaincre cette espèce d'aversion qu'on a pour une chose quelconque, indique le défaut de courage et de cette supériorité que la volonté doit avoir sur le sentiment. Un malade qui a de l'antipathie pour le médecin, pour la médecine ou pour toute autre chose que sa situation exige, s'expose à quelques dangers, s'il n'a pas le courage de se vaincre et de se soumettre à la condition de malade. Si son aversion n'existe que contre le médecin, celui-ci, pour peu qu'il s'en aperçoive, doit promptement se retirer, et engager même le malade à donner sa confiance à un autre ; mais, si au contraire, ce qui est plus blâmable, elle existe pour certains médicamens essentiels et héroïques , tels que le mercure, l'opium, le quina et autres, le courage doit vaincre cette opiniâtreté, ou cette puérile aversion qui est l'effet d'une antipathie mal fondée, sans quoi tout fait craindre la durée et même les progrès de la maladie : d'ailleurs, il semble que la probabilité de guérir que promet un remède, ne tient pas la balance entre cette espèce de ténacité et de désordres ultérieurs d'une maladie abandonnée à elle-même , et non combattue par les seuls remèdes que l'art possède contre elle. J'aime à appeler la prudence la mère du courage , qu' doit en pareil cas se réveiller de manière à faire naître en nous le sentiment propre à dissiper de semblables enfantillages.

Les hommes même d'un grand génie manquent quelquefois de courage, quoiqu'ils aient toute la pénétration propre aux affaires physiques; est-ce par ce qu'ils sont trop instruits, et que la peur les saisit trop facilement? Il n'est pas rare de voir quelques élèves en médecine qui, sachant combien la structure de notre machine est compliquée et délicate, s'en rendent malades par la peur qui s'empare d'eux à un tel point, que rien ne peut plus leur inspirer de courage sur cet objet. Une telle crainte ne peut être le partage que des idiots et des pusillanimes; car l'homme véritablement grand est toujours le même ; et quoi-qu'il puisse sentir, et qu'il sente en effet les premières atteintes d'un mal quelcon-que, il s'en aperçoit avec sang-froid, et se dispose à le combattre avec courage.

Il y a d'autres individus qui, sans avoir une grande sublimité de génie, sont très-sensibles aux plus petits accidens, et chez lesquels le plus léger mal suffit pour les effrayer. Les premiers sont malheureux pour avoir trop d'esprit, et les autres pour en avoir trop peu : d'où je conclus avec l'illustre Zimmermann, qu'il serait à désirer qu'on pût les corriger de leur manie pour pouvoir les guérir plus sûrement ; car il n'y a pas de doute que si on pouvait parve-nir à éloigner de leur esprit les fantômes qu'ils se font, et à y introduire un peu plus de grandeur d'âme et de bravoure, ils marcheraient plus rapidement vers la santé. Michel Montaigne dit avec beaucoup de justesse que, comme on ôte le masque à un individu pour le connaître, la même chose devrait avoir lieu pour tous les autres objets, afin de pouvoir mieux les apprécier et les juger.

On peut facilement conjecturer, d'après le petit nombre de faits ci-dessus énoncés, quels sont les autres obstacles dont je n'ai point fait mention, qui s'opposent à cette puissance de l'âme, si nécessaire dans le traitement des maladies. Je le répète, le courage est une chose indispensable, et l'homme n'est qu'une pure machine, s'il n'est pas doué de ce feu vivifiant. Il ne devrait jamais connaître la défiance ; car c'est précisément dans l'adversité qu'il doit réunir tout son courage pour en sortir, ou pour ne pas succomber au désespoir. Les maladies exigent, pour être guéries, un concours favorable d'actions de tout le système, qui sera toujours imparfait, s'il ne reçoit pas de l'âme une influence salutaire, qui y coopère également ; et quoiqu'il n'y ait point d'affection de l'âme plus prompt et plus propre à le procurer que le senti ment du courage, cependant je crois, e dernière analyse, qu'il manque chez la plu part des hommes au moment même où i leur serait le plus nécessaire, et cela prin cipalement par l'habitude contraire qu'il ont contractée : habitude qui s'acquiert d' l'âge le plus tendre , à l'apparition de toutes les maladies, et par la trop grande confiance dans les remèdes. Quand la maladie survient, on suppose aussitôt qu'il y a hors de nous une matière, un secours , enfin un je ne sais quoi , qui sert à guérir : une pareille habitude naît de cette supposition constante, et de l'usage répété des objets externes. La même chose arrive en voyant les autres se conduire de la même manière ; de là vient qu'on s'abandonne aveuglément à ces instrumens extérieurs. L'esprit même ne fait que sentir les angoisses du mal, et seconde cet abandon sans s'en apercevoir et sans user de sa force, qui est, comme nous l'avons dit plus haut , d'une importance telle , que l'impatience est presque le meilleur remède

de la patience , comme le remarque encore fort judicieusement Montaigne.

Une réflexion plus sensée de la part des
malades , et mieux encore une exposition
franche faite par le médecin , tant de la
faculté bornée de son art , que de l'action
salutaire du courage qui est toujours si utile,
et qui concourt si puissamment à la guérison des maladies , pourraient les garantir
de cette manie des remèdes , qui souvent
sont pires que le mal même.

Aux diverses affections de l'âme men-
tionnées ci-dessus qui éloignent le courage,
il s'en joint d'autres, qui lui sont, je dirais
presque congénères , et qui l'excitent et le
mettent en action d'une manière puissante :

toutes les vertus devraient se considérer
sous ce rapport, et particulièrement la prudence. Les actions de l'homme, tant qu'elles
sont dirigées par la raison ou par l'habitude, tendent toutes, ou à procurer le
plaisir, ou à éviter la douleur. La prudence est ce qui doit servir de guide pour
atteindre l'un et l'autre but, et par conséquent, pour la recherche des moyens
propres à l'acquérir. Ce sentiment est si
connu et si universel, qu'on l'attribue,
même aux animaux, dont on raconte
mille traits de prudence naturelle; de
lui dérivent presque toutes les autres qualités, qui concourent à conserver et à uti-
liser la vie : en effet, qu'est-ce que c'est
que de chercher à remédier aux maux
qu'on éprouve, de se soumettre aux lois

de la médecine, et de vivre d'une manière contraire à son goût, si ce n'est
la prudence appliquée à de pareils besoins sentis, soit réellement, soit indiqués par les autres ? Les efforts qu'un
malade fait pour se promener, pour un
voyage projeté, pour se mettre au bain,
pour entreprendre un traitement long et
pénible, ainsi que pour toute autre opération, ne sont que le résultat d'une vraie
prudence fixée sur un objet propre à faire
recouvrer la santé perdue, ou, pour mieux
dire, son principal résultat est le courage,
qui nous détermine, sans balancer, à
nous soumettre aux décisions de l'esprit,
et aux obstacles que l'on rencontre pour
obtenir le but proposé. Nous apercevons
ces vérités-pratiques dans toutes les actions

humaines ; et il suffit seulement de les
suivre à la piste dans la ligne médicale.

La prudence dans l'homme malade est
le principal moteur du courage. S'il n'est
pas privé entièrement de sa raison, il
doit laisser dans son âme un libre accès à
cette vertu qui entraîne nécessairement cet
effet après elle. Le médecin doit lui servir
de ministre pour lui ouvrir la route par
laquelle elle puisse pénétrer dans l'âme du
malade, ce à quoi il parvient quand, en
pesant soigneusement le caractère de la
maladie, il sait lui donner cet aspect propre à le convaincre et à le rendre prudent ;
c'est-à-dire , prévoyant et courageux. Je
partage fortement l'opinion de ceux qui

pensent que c'est une chose toujours utile et même nécessaire de la part du malade , de ne jamais désespérer de son mal , et qu'il est toujours avantageux de le soutenir dans l'intime conviction qu'il en échappera. Il est également du devoir du médecin d'employer toutes les ressources de son esprit pour lui inspirer le courage, si jamais il venait à le perdre.

Quoique les préceptes de la religion établissent que l'espoir que l'on a de se débarrasser de la maladie qu'on éprouve, peut affaiblir ou éloigner du malade les sentimens de piété nécessaire pour régler le trouble de sa propre conscience, et pour se disposer au passage de l'autre vie , néanmoins je suis convaincu que la religion est

trop juste, et que sa voix n'est ni assez sévère ni assez indiscrète pour vouloir étouffer en lui celle de sa propre existence et de
sa conservation : elles sont toutes les deux
compatibles, et l'homme malade peut et
doit même désirer se conserver et se fortifier dans la résistance par le courage le
plus fort, et en même temps acquérir cette
sage résignation aux décrets de la Providence, et satisfaire aux devoirs prescrits
par la religion. J'ai vu un grand nombre
de malades satisfaire héroïquement à ces
deux devoirs, de manière qu'ils se dispo-
saient en hommes sages à cesser de vivre,
et en hommes forts, ils ne perdaient pas
le courage nécessaire pour résister au mal,
ou au moins pour ne pas succomber lâ-
chement sous les attaques de l'ennemi de

leur vie. Cette réunion de devoirs n'est pas nouvelle pour celui qui sait apprécier les dogmes sacrés de la religion, et qui sait les faire cadrer avec les lois de la nature.

Le désir de se débarrasser des maux qui nous affligent est une chose si naturelle et si générale, qu'elle ne souffre ni discussion ni comparaison avec toute autre. Après le désir, vient l'espérance qui est plus ou moins forte, selon que l'on s'imagine, ou que l'on dépeint la maladie comme étant plus ou moins grave. C'est une affection toujours douce, toujours prompte à naître, toujours stimulante et propre à exciter l'âme et le corps qui, en reprenant une nouvelle vigueur, sont en quelque sorte combinés et disposés de manière à se défendre mutuellement et à éloigner tout ce qui est désagréable et nuisible. Le courage paraît résulter de cette combinaison réciproque, au moyen de laquelle on n'éprouve que peu ou point de difficulté à venir à bout d'une telle entreprise. La violence de la douleur, les veilles, les inquiétudes, et l'obstination du mal s'émoussent, lorsque celui qui en est attaqué s'arme de courage et d'espérance : néanmoins il existe des hommes assez imprudens, pour ne pas dire plus, qui, loin de chercher à faire naître l'espérance dans l'âme des malades, semblent se faire un jeu cruel de la leur faire perdre par leurs réflexions déplacées, et en

13*

leur donnant quelquefois même l'idée d'un danger dont ils ne se doutaient point, comme si le mal réel qu'ils éprouvent n'était pas suffisant par lui-même pour porter le trouble dans leur âme déjà affaiblie. Ah ! que de tels hommes méritent bien peu le beau titre de médecin dont ils se qualifient !

Loin d'avoir jamais vu qu'il fût besoin de bannir l'espérance de l'âme de celui qui souffre, je dirai au contraire avoir toujours remarqué qu'elle lui procurait un bien infini, en développant chez lui le courage. Si la maladie est légère, les plus rigides persécuteurs du repos de leurs semblables peuvent, s'ils le veulent, croire qu'il ne convient pas d'avoir de l'espérance, parce que n'en ayant point, la terminaison heureuse du mal même tempère la rigueur de leur opinion ; mais si le mal est grand , pourquoi l'accompagner d'un autre non moins grand, tel que le chagrin ou le désespoir ? Si la maladie est incurable et essentiellement mortelle, l'humanité ne prescrit-elle pas au médecin de porter dans l'âme de celui qui souffre quelques paroles consolantes qui , comme un souffle bienfaisant, dissipent au moins pour un moment les angoisses , les pensées tristes et les craintes qu'occasione une méditation continuelle sur la mort, et redonnent de la vigueur et du courage à l'âme prête à succomber ? Qui ignore qu'un mot consolateur sorti à propos de la bouche d'un médecin qui a su gagner la confiance de son malade, a produit quelquefois de ces résurrections inattendues que le vulgaire regarde comme des prodiges enfantés par l'art ?

Je pense qu'on ne doit jamais dire aux malades attaqués d'une maladie incurable, l'état vrai où ils sont, tant parce que cela ne servirait qu'à les jeter dans un état encore plus mauvais, que parce qu'il est toujours utile qu'ils conservent complètement l'espoir de guérir, et qu'ils soient assez dociles et assez courageux pour faire tout ce que le médecin croira devoir leur prescrire pour soulager leurs souffrances, et pour être en état de recevoir plus favorablement les secours qu'ils peuvent obtenir soit du temps, soit de l'art. Je crois en outre que la prudence veut qu'on ne convienne jamais avec eux de la gravité , et encore moins de l'incurabilité des maux qu'ils éprouvent, et dont, par une prévoyance mal entendue , quoique naturelle , ils ne s'informent que trop à ceux qui les entourent ; car souvent, d'une seule réponse faite plus ou moins affirmativement, dépendent leur confiance et leur aptitude au courage , leur docilité aux conseils du médecin , ou le désespoir , qui est ordinairement suivi de mille désordres , et de la perte même de la vie.

S'il est vrai, comme on le dit, que l'espérance est ce qui n'abandonne jamais l'homme dans quelque adversité où il puisse se trouver, il appartient au médecin de la faire naître et même de l'augmenter chez les malades, quelque grave que puisse être la maladie. S'il est assez heureux pour leur faire concevoir de l'espérance, ils font moins attention à leurs souffrances ; et s'il a soin de soutenir leur courage avec cette habileté qui convient au vrai médecin, on les voit reprendre vie, et ressusciter pour ainsi dire à vue d'œil. L'insouciance de la part du médecin, et le peu d'énergie des malades, sont souvent la cause de la faiblesse physique et morale qu'ils éprouvent, que dis-je, de leur perte.

Le mot vertu, dit Zimmermann, renferme l'idée de force : la force est la base de toute vertu, et la vertu est l'héritage d'un être faible par nature, et fort par volonté ; ce qui fait qu'un malade élevé dans l'adversité, supporte la maladie infiniment mieux que celui qui a toujours vécu dans la prospérité. Plus on se laisse aller au mal, plus il est certain que la maladie triomphera en peu de temps , surtout si le courage abandonne le malade ; car, s'il y a une passion qui produise plus que toute autre cette force d'âme souvent supérieure à celle de la maladie, c'est, à n'en pas douter, celle dont je viens de parler, je veux dire le courage. Je n'ignore pas cependant qu'elle rencontre beaucoup d'obstacles, telle que la diversité d'âge, d'habitudes, de tem- pérament, de maladies et de symptômes. Si chez les uns l'espérance est prompte et facile à naître, elle est dans les autres entièrement opposée, et même chez quelques-uns presqu'impossible. Je sais que l'habileté et la sagacité du médecin peuvent lever quelques-uns de ces obstacles, et même quelquefois dissiper, principalement ceux qui tiennent à l'état moral. Je ne m'étendrai pas davantage sur cet objet, afin d'éviter le plus possible toute répétition, ou plutôt parce que j'aurai occasion d'en parler ailleurs.

Il n'existe point de médecin qui n'ait éprouvé combien il lui importe de pouvoir conduire le malade à son gré : quand il en est estimé et qu'il en a la confiance, il a sur lui tout pouvoir. Une telle opinion est inséparable du stimulant propre à lui inspirer le courage nécessaire à son état ; car s'il se trouve tellement affaibli ou

abattu par le mal , qu'il ne puisse se déterminer de lui-même à faire quelque chose
qui puisse le guérir , la bonne opinion
qu'il aura de son médecin , suffira pour
lui faire vaincre sa répugnance , et pour
suivre les conseils qui lui seront donnés :
d'où il résulte que l'habileté du médecin
à se gagner l'affection de son malade et à
s'en rendre entièrement maître , est une
chose louable et même nécessaire. Les
moyens qui conduisent à ce but , résultent tous du concours des qualités qu'il
doit avoir acquis en habile médecin.
Quand un malade suppose , dans celui
qui le traite , des qualités semblables à
celles dont nous ne faisons point mention
ici , pour ne point parler des diverses

connaissances dont il est armé , il s'a-
bandonne entièrement à lui , et suit avec
résignation et docilité tout ce qui lui est
prescrit. Dans un accident léger , et de
nature à ne pas exiger de remèdes, il est
bientôt convaincu , par les raisons que
lui donne le médecin , qu'il n'a pas bé-
soin de médicamens , malgré tout le désir
et tout le penchant qu'il aurait à en prendre; et dans le cas où il serait obligé de
faire une longue suite de remèdes , il s'y
soumettra par la même raison avec courage , quoiqu'il abhorre et qu'il déteste
toute espèce de médicamens.

Plus l'esprit d'un malade , dit encore
le célèbre Zimmermann, qui possédait si
bien toute l'expérience médico-politique,

seconde les soins du médecin , plus il y a sujet d'espérer ; et plus l'éloquence du médecin frappe l'esprit du malade, plus on doit raisonnablement conclure qu'il existe des maladies que l'on soulage et même que l'on guérit avec les paroles seules : ceci est fondé sur l'expérience, poursuit le même médecin. On sait combien il importe dans les maladies d'avoir un médecin qui ne craigne pas de sacrifier son repos et ses plaisirs, pour se prêter à chaque instant au soulagement du malheureux qui souffre ; pour se faire un devoir essentiel de s'identifier pour ainsi dire à ses maux, pour bien examiner le caractère du mal dans tous ses effets, et ceux-ci dans toutes leurs causes ; pour être assez complaisant pour rire et parler avec lui, selon que les circonstances l'exigent , soit pour l'aider à supporter son mal avec courage , pour le guérir de sa pusillanimité , pour savoir se taire quand il est inutile de parler , soit enfin pour capter son âme par des sentimens nobles et généreux , quand les autres moyens sont inutiles ; car son cœur s'ouvre à de pareils sentimens , telle que la terre refroidie par les rigueurs de l'hiver , se rajeunit et reprend une nouvelle vigueur au renouvellement du printemps. On sait également combien il est utile qu'un médecin , qui , élevé dans le sein des sciences, doit être plein de sentiment pour tout ce qui est beau et grand , puisse au besoin inspirer le courage par une éloquence séduisante , et porter partout l'art d'une belle imagination, ainsi que la sérénité et la joie. Un médecin doué de ces qualités, met le malade en état de se vaincre lui-même, en lui inspirant du courage. Qu'il me soit permis d'en citer un exemple que je ne donne cependant pas comme bon à suivre ; mais qui, selon moi, est néanmoins très-propre à prouver tout ce que peut faire celui qui se présente pour traiter un malade. On demande comment il est possible qu'un charlatan ait tant de pouvoir sur l'esprit du commun des hommes ? Quoiqu'il soit difficile d'en donner la raison, cependant il est prouvé que s'il y peut quelque chose, ce quelque chose bien ménagé suffit pour capter leur confiance.

Le charlatan, comme le dépeint fort

14*

bien Lemercier, dans son Bonnet de Nuit, a un langage hardi et l'œil assuré : il fait tourner çà et là le malade, lui frappe sur les épaules, s'empare de son imagination, et en se félicitant de se rencontrer avec lui, il a déjà changé l'état de son âme. Si cette illusion peut agir aussi puissamment, combien une idée juste et vraie, conçue par le vrai médecin, n'agira-t-elle pas d'une manière plus salutaire, surtout pour le médecin qui sait unir aux principales prérogatives de son art, des manières tantôt douces et consolantes, et tantôt des raisons si fortes et si puissantes, qu'elles suspendent presque toujours le sentiment des douleurs du malade, au dire du célèbre Colston ? Lorsque les malades le voient s'approcher d'eux, ils semblent voir leur ange tutélaire

qui fait naître la confiance dans leur âme,
qui donne de l'énergie à leur courage
abattu, et de l'activité au principe vital,
pour vaincre la cause de leurs maux.

Toutes ces affections marchent de pair
avec le courage, et opèrent la moitié de la
guérison. Le médecin, tel que nous l'avons
dépeint, loin de changer ses manières nobles,
doit, au contraire, se faire un devoir de se
montrer imperturbable au milieu des dangers qui entourent son malade, et de conserver constamment une physionomie gaie, et
on humeur ordinaire. On a remarqué,
insi que le dit fort sagement le médecin
la Montagne, traducteur de Falconet,
ue les malades ont une sagacité toute
articulière pour interpréter les discours

et les moindres gestes de ceux qui les entourent et particulièrement ceux du médecin. On ne peut jamais ménager assez
dans l'art de guérir, ce qui agit directement sur l'imagination des malades, et ne
jamais trop s'étudier pour leur en épar-
gner les funestes impressions. Les médecins ne pourraient-ils point, sans rien
perdre de la gravité de leur profession,
adopter des manières moins sombres et un
costume moins lugubre, que celui que
la plupart d'entr'eux ont adopté pour se
donner un air de plus grande importance?
ne pourraient-ils pas, lorsqu'on a recours
a eux pour obtenir du soulagement, donner à leurs manières un aspect plus riant
et plus propre à exciter le courage, sans
diminuer en rien l'influence de la main

bienfaisante et consolatrice de la piété, et sans affaiblir les secours que l'art médical a mis dans leurs mains ?

Si l'estime que l'on a pour le médecin nous inspire du courage, la confiance accordée à certains médicamens, produit également un effet semblable. Le penchant et le goût pour une chose sont presqu'inséparables de la confiance que l'on a dans la chose même, et de la résolution prise de la mettre en usage. On voit souvent dans la pratique la force s'accroître, en mettant en jeu ou en action ces sentimens. Il en est de même des bons effets des remèdes dont quelques personnes font usage vec plaisir. Le médecin de la Montagne ous explique ce phénomène dans des ter—

mes plus précis , en l'attribuant à l'une des causes suivantes , soit à l'attention de l'âme entièrement occupée de l'emploi du remède vanté et inaccessible à toute autre im-pression , soit à la communication d'une nouvelle vigueur , ou d'un nouveau ton qu'une telle idée ou estime donne au sys-tème organique ; ce qui le met en état de mieux résister au principe morbifique , et même de le dompter. Quelle qu'en soit la raison , ce phénomène n'en est pas moins certain : en effet, ne voyons-nous pas tous les jours un grand nombre d'individus ajou-ter foi à certains amulettes dont ils se ser-vent avidement , et les vanter comme ad-mirables? L'homme sage les méprise et ne les considère que comme les fruits de l'i-gnorance et du sordide intérêt, auxquels les charlatans et les jongleurs ont donné le jour. On voit des malades avoir pour ces arcanes une crédulité que rien ne peut vaincre, et qui, ne voulant point écouter le langage de la raison, ni les conseils de l'amitié, en font usage avec une patience sans égale et un courage à toute épreuve. Il est vrai néanmoins qu'on en voit quelquefois des effets salutaires qui doivent être plutôt attribués à l'imagination vivement frappée, qu'à la vertu intrinsèque de ces remèdes tant internes qu'externes. Cet effet de l'imagination éveille dans l'âme cette confiance et le courage qui produisent nécessairement dans la machine des changemens qu'on attendrait vainement des remèdes les plus accrédités et les plus efficaces.

Plus une maladie s'aigrit et se prolonge', plus, dis-je, on trouve quelques individus qui montrent un courage assez grand pour n'en pas craindre les suites fâcheuses, soit qu'ils se fient sur leur âge, soit qu'ils sentent en eux-mêmes une force suffisante pour y résister, soit enfin qu'ils mesurent de la pensée la constitution morbifique dominante, et qu'ils y trouvent des exemples et des comparaisons qui leur donnent de l'espoir : n'importe d'où cela provienne, le fait n'en mérite pas moins d'être observé. Ces sortes de malades ne perdent point courage, parce qu'ils ne sentent rien en eux qui les avertit de leur perte, et par ce moyen ils ajoutent de la force et donnent de l'appui à leur propre résistance qui est réelle, parce qu'ils l'éprouvent en eux ; ce qui est tout ce qu'on peut désirer dans les maladies, c'est-à-dire, que la force du malade soit toujours supérieure à celle de la maladie dont il est attaqué. D'autres, quoiqu'ils n'aient pas réellement une telle résistance, se la procurent par la volonté, c'est-à-dire, par la ferme résolution de résister à leurs maux. Comme l'homme acquiert de la force en voulant, voilà pourquoi quelques personnes regardent comme une faiblesse de se plaindre des souffrances qu'elles éprouvent, et se décident à les supporter avec toute la constance possible : les unes se prêtent avec docilité au régime et aux remèdes, bien convaincues qu'elles ont besoin de forces pour lutter avec avantage

15

contre les maux auxquels elles sont en proie : les autres y suppléent , en affectant d'avoir un caractère courageux et invincible. Tous les modes d'être sont autant d'espèces de courage reconnues très-utiles dans quelques circonstances , en ce qu'il est présumable , qu'ils peuvent tenir en équilibre la vibratilité des organes qui correspondent au *sensorium commune*, et concourir par ce moyen au redressement du désordre existant, ou de diminuer sa sensation et la lutte intérieure et morbifique : les fibres venant à éprouver pendant quelque temps les mêmes impressions, acquièrent une plus grande mobilité, opposent moins de résistance , souffrent moins , et procurent conséquemment moins de sensations. Le célèbre Soave explique fort judicieusement dans ce sens , les raisons pour lesquelles tant de sensations deviennent à la longue indifférentes.

Quoique je ne puisse déterminer d'une manière bien positive auquel des divers objets externes qui excitent le courage , je dois donner la préférence, puisqu'ils varient tous selon les sujets sur lesquels ils opèrent ; néanmoins la musique me paraît un des meilleurs et des plus certains. Quelques personnes croient que ce qui électrise le plus le courage du soldat , et le porte à affronter la mort, est la musique militaire, qui n'est autre chose que la réunion de certains sons , qui, en titillant et en irritant certaines fibres , mettent, pour ainsi dire , son courage dans un état convulsif,

qui lui fait braver avec intrépidité des dangers presque certains. Si un morceau de
musique peut agir aussi puissamment sur
l'homme sain, combien à plus forte raison
ne le fera-t-il pas sur l'homme malade?
Cette observation qui n'est pas nouvelle,
a été faite par beaucoup d'écrivains avec
une sagacité rare : je n'en parle ici que
sous le rapport des bons effets qu'elle
produit en excitant le courage.

Tous les spiritueux, et particulièrement
le vin, inspirent communément du courage. Aretée n'est pas le seul qui dise,
qu'après avoir pris une quantité conve-
nable de vin, toute la machine semble
reprendre vie, et la nature se renouveler.
Il en est de même de l'opium que Retty

appelle le cordial par excellence ; Venette, le stimulant agréable ; Éralles , le grand fortifiant : tout l'Orient le veut pour sa panacée, si nous en croyons Cartheuser, Russel, etc. Montesquieu vante les Asiatiques au‑dessus des Européens, par le seul motif, que ceux-ci ont recours dans leurs maladies aux méditations sur les écrits des philosophes ; tandis que ceux-là, d'après les conseils des médecins les plus instruits et les plus célèbres, se gorgent d'opium, et se raniment. Falconet prétend que puisque l'opium calme les agitations et procure des sensations agréables, il remet les parties en équilibre, ou redonne à tout le système son ton naturel.

Mais dans quelle source plus pure et plus douce peut-on puiser plus sûrement le courage, si ce n'est dans le sein d'un ami sage et éclairé; surtout d'un médecin instruit et doué de tous les sentimens d'humanité, de grandeur d'âme et d'amour pour ses semblables? Mille idées se présentent à mon esprit pour l'exalter et la recommander fortement aux malades; et je voudrais que quiconque se dit l'ami de celui qui souffre, se reconnût au portrait que je viens d'en faire, et l'imitât dans tout ce qui, même hors de la ligne médicale, comprend peut-être la plus grande partie des devoirs d'un homme vertueux et compatissant aux souffrances de son semblable.

Après avoir exposé d'abord les avantages que procure le courage, les causes qui le font naître, et enfin celles qui y mettent obstacle, il me semble utile d'y ajouter quelques cas pratiques de maladies chroniques et aiguës, dans lesquels il est d'une utilité marquée. Nous pensons qu'il est nécessaire de rappeler ici que, de la variété des tempéramens et des habitudes, dépend également la différence de la disposition plus ou moins grande au développement du courage, puisque cette même variété se rencontre aussi dans la différence intrinsèque de la force essentielle des maladies; et que ces variétés sont confondues entr'elles, et dépendent presque toujours de l'une et de l'autre.

Il résulte de tout ce qui a été dit ci-dessus, qu'une combinaison de forces, de maladies, de tempéramens et d'habitudes, se présente sans cesse au jugement sain du médecin, qui doit les peser attentivement, afin de pouvoir disposer son malade au courage, et mettre en parallèle une telle combinaison avec les principes développés ci-dessus, et en particulier avec les cas suivans.

. Les affections hypocondriaques et mélancoliques devenues si communes de nos jours, se présentent les premières. C'est un fait bien connu que s'il existe une maladie dans laquelle le courage soit nécessaire, c'est l'hypocondrie : mais comment le procurer à ces sortes de malades, si l'essence et la nature de leur affection sont, pour ainsi dire, la privation entière du courage même. Leur esprit sombre, craintif, peureux et visionnaire n'est point susceptible de cet élixir salutaire : incapables d'en user, ils continuent à se tourmenter et à se rendre à charge à eux-mêmes et aux autres. Leurs viscères dans un état de spasme, leurs nerfs en désordre et leur cerveau troublé par les vapeurs ne peuvent recevoir les effets avantageux d'un changement d'esprit que procure une affection aussi noble que le courage, et qui est si diamétralement opposée à sa mauvaise constitution. Cette indisposition fâcheuse, n'admettant presque jamais le bienfait que procure le courage, il suffit de dire que là où la raison ne peut trouver place, le courage ne peut avoir lieu. Raisonner avec ces sortes de malades, c'est les mettre hors d'eux-mêmes ; puisqu'on est obligé de convenir que leur imagination y joue le premier rôle, ce qu'ils ne veulent pas entendre. Condescendre à leur manière de voir et les plaindre, c'est paraître avoir une opinion semblable à la leur, et concourir à rendre leur état encore plus fâcheux, en paraissant attacher quelque importance aux angoisses qu'ils éprouvent, et aux mauvaises conséquences qu'ils en tirent. Le meilleur parti à prendre, dit Falconet, envers ces sortes de malades, c'est de mettre tout en usage pour leur inspirer le courage : la chose n'est pas toujours facile à mettre à exécution, puisqu'il y a, en quelque sorte, d'un côté la présence et la nature du mal, et de l'autre, l'exclusion totale du remède. Quoi qu'il en soit, un médecin habile ne doit jamais négliger aucun des moyens qui peuvent le rendre maître de l'esprit de ces malades et de leur confiance, en leur inspirant certaines affections qui paraissent au premier abord s'éloigner du but auquel il vise; mais qui servent parfaitement à préparer celles qui sont les plus propres et les plus sûres pour produire l'effet désiré : par exemple, il est quelquefois utile de faire sentir à l'hypocondriaque la faiblesse de son esprit et sa pusillanimité, lorsqu'il veut persister dans ses lamentations perpétuelles et fatigantes pour les autres. Un semblable reproche, trop sensible pour celui qui se croit autrement, fait naître quelquefois une affection nouvelle qui l'emporte sur l'autre déjà invétérée et nuisible, et fait qu'il préfère se montrer courageux , plutôt que lâche.

La saine morale nous apprend que si les mortels sont exposés aux caprices de la fortune, soit bonne, soit mauvaise, même lorsqu'il est question de la santé, il est indigne du caractère de l'homme de se plaindre continuellement des maux qui sont attachés à l'humanité. Elle nous enseigne également qu'une âme forte , je dirai même simplement raisonnable, doit résister avec fermeté aux coups du sort, et ne pas se laisser abattre par le malheur ; car celui-là est le plus heureux qui supporte avec le plus de courage les peines et les maladies de l'esprit et du corps. Ces maximes sont

aussi vraies que puissantes, pour faire renaître dans l'âme cette noble et utile sagesse que le courage nous procure im-
médiatement pour supporter d'une manière imperturbable une vie douloureuse
et maladive : l'hypocondriaque acquiert
par la sagesse, et sans s'en apercevoir,
le vrai secret de dissiper sa maladie.

Quoique la plaisanterie soit un moyen
des plus délicats et des plus difficiles à
mettre en pratique dans ces sortes de cas,
néanmoins on ne peut nier qu'elle ne soit
quelquefois nécessaire et même très-utile,
quand elle est maniée adroitement. Éveil-
ler, dans ces sortes de malades, le point
d'honneur, afin de les empêcher de parler

et de se plaindre continuellement de leurs chagrins et de leurs souffrances, c'est les mettre dans le cas de le faire avec courage. Ils ont l'avantage d'enlever par ce moyen peu à peu à leurs infirmités la pâture ordinaire, et de les affaiblir, ou de les dissiper entièrement.

La distraction de l'esprit, c'est-à-dire, l'éloignement de ces images tristes qui ne sont pour le plus souvent que de pures fictions créées par la fantaisie, et regardées par elle comme autant de réalités, n'est pas moins utile. Cela arrive, parce que la force avec laquelle se présentent à l'imagination ces idées que le célèbre Hume appelle idées d'imagination, étant égale à celle des idées qui naissent d'impressions réelles , et qu'il appelle idées de mémoire, fait que l'esprit ne distingue plus les unes des autres, et les prend toutes également pour vraies. Ceci est prouvé par l'exemple que cite Sauvage, d'hommes soupçonneux et craintifs, qui prennent quelquefois pour vrais et pour réels, leurs soupçons et leurs frayeurs imaginaires. Nous le répèterons ici, les hypocondriaques, craignant à chaque instant de mourir, sont, tant qu'une pareille crainte est présente à leur esprit, comme les guerriers qui, lorsqu'ils se croient en déroute, ou qu'ils entendent dans le fort de la mêlée quelqu'un s'écrier nous sommes perdus, s'avilissent et perdent tout courage.

Quoiqu'on ait dit que la distraction de

l'esprit fût utile, néanmoins, si on y fait bien attention, on verra que c'est le courage qui la procure le plus ; et qu'ensuite il met à profit les effets, à la vérité légers, mais soutenus , que la distraction elle-même produit ; car , assez ordinairement, le malade se détermine à se récréer , soit par des voyages , soit par tout autre moyen, quand un certain courage lui est inspiré par celui qui connaît son mal ; de sorte qu'à mesure qu'il obtient ces légers intervalles de repos, et ces trêves passagères qu'il retire de pareils secours , il continue avec courage une méthode qui lui procure ce soulagement momentané ; et, à mesure qu'il le voit augmenter , son courage croît et s'aggrandit jusqu'à l'entière disparition du mal.

L'exemple cité de malades attaqués de cette affection, et parfaitement guéris; la musique et surtout l'argent ne manquant jamais, comme le disait le savant Cocchi, les conseils d'un médecin instruit, qui connaît bien la nature de cette maladie, et qui sait, par une habileté consommée, que les secours de l'art qui nuisent à l'hypocondrie, sont en plus grand nombre que ceux qui lui sont utiles, et que particulièrement les évacuans et les excitans spiritueux l'augmentent, à moins qu'ils ne soient donnés bien rarement et avec modération, ne prouvent que trop avec quelle prudence les remèdes pharmaceutiques doivent être administrés dans ce genre d'affection. Il en est de même d'une foule d'autres choses,

16*

de cette nature, qui sont plus ou moins efficaces pour faire naître le courage chez un hypocondriaque languissant, et le mettre dans le cas de ne plus faire attention à ses souffrances ; car s'il veut guérir, il faut qu'il s'imagine être bien portant, ou plutôt que ses accidens ne sont rien ; qu'il soit bien convaincu qu'aucun aliment, aucune boisson, ni aucune intempérie, ne peuvent lui être nuisibles. Il doit aller à la rencontre de tout avec courage, se rire de ses vents, de sa constipation, de ses vertiges, de ses palpitations, de ses bouf-fées de chaleur à la face, et de tous autres effets hypocondriaques de même nature ; détestant bien cordialement toute espèce de pillules, d'électuaires, de poudres, de tein-tures et d'extraits, quoique vantés dans les termes les plus pompeux. Celui qui pourra élever son âme à ce degré de stoïcisme, est presque certain de vaincre cette affection, l'opprobre de la médecine et des médecins.

Ce que nous venons de dire relativement à l'hypocondrie, s'applique, à quelque modification près, aux affections hystériques, dans lesquelles il existe une plus grande sensibilité, et qui conséquemment demandent de la part du médecin une plus grande attention.

Le scorbut fournit un exemple des plus frappans des effets du courage. On voit généralement qu'une personne qui se laisse aller au découragement et à la tristesse y est plus sujette, surtout parmi les habitans des campagnes chez lesquels d'autres causes prédisposantes à cette affection, interviennent très-facilement. On voit également que celles qui en sont déjà attaquées, sont toujours plus malades, à raison de ce qu'elles s'obstinent à ne pas vouloir relever leur courage abattu, et à reprendre leur gaîté : Hoffmann, Milman, Willis, Lind et autres médecins célèbres qui ont écrit sur cette maladie, ont tous fait une observation semblable. Ceux qui ont écrit les voyages, nous font remarquer, que là ou règnent la tristesse et le découragement, là existe et même s'aggrave le scorbut; tandis que partout où le hasard, ou tout autre circonstance puissante ont introduit une vie active et agréable, une pareille maladie n'existe pas. Qu'il me soit permis de citer les cas nombreux que j'ai été à même d'observer parmi les scorbutiques qui viennent chercher un asile dans l'hôpital confié à mes soins. Je n'emploie pour' eux d'autres remèdes qu'une bonne nourriture, un bon lit, et surtout la présence d'objets gais et amusans : une expérience réitérée m'a convaincu de la bonté de cette méthode, que je n'ai pas envie de changer. Les cas parvenus à un degré qui n'est plus susceptible des bons effets de la gaîté, et d'une nourriture saine, ne sont pas ceux qui excluent entièrement la bonne opinion que j'ai d'une pareille méthode ; tandis que les cas qui en sont au contraire susceptibles, ne nous la rendent que trop authentique, et ne la confirment que trop :

néanmoins j'avoue qu'elle est insuffisante, lorsque le caractère du malade ne concourt pas à lui inspirer de la gaîté, de la confiance et du courage. Le médecin y peut souvent beaucoup, non-seulement en prescrivant au besoin les moyens diététiques, mais encore en lui tenant un langage consolateur et propre à diminuer ses craintes et à y substituer des sensations agréables.

Monsieur Salvadori est un des médecins qui a le plus vanté les effets du courage dans la phthisie. Son mode de traitement repose sur ce principe : le mépris qu'un phthisique doit avoir pour les remèdes ; le désir d'une vie errante, exercée et entièrement alimentée et soutenue par les fatigues, par les sueurs, par les courses, par les festins, etc. ; tout cela, dit-il, ne ressemble-t-il pas au courage ? Mais comme personne n'appelle courage, chez un militaire, de combattre en forcené, quoiqu'il le fasse avec succès et qu'il remporte la victoire sur l'ennemi, de même, par événement, l'esprit agité d'un phthisique, ainsi que son système effréné de vie, quoique quelques-uns ne s'en soient pas mal trouvés, aboutissent très-facilement aux points extrêmes où il n'existe que confusion et préjudices, occasionés par une imprudence désespérée et funeste. Loin de prétendre que cette noble passion du courage doive être éteinte au point qu'une existence vertueuse et utile devienne assez mauvaise et assez blâmable, pour mériter le nom de folie ou de fanatisme, je veux dire seulement que le courage est aussi utile dans la phthisie que dans les autres maladies, dans lesquelles il sert à nous mettre en garde contre cette trop grande confiance dans les nombreux remèdes antiphthisiques vantés par tant d'auteurs, et prouvés nuls, pour ne pas dire dangereux, par un plus grand nombre encore de faits appuyés sur l'expérience la plus exacte.

S'il est vrai que la goutte n'admette point de guérison, il ne l'est pas moins que le courage est l'unique refuge de ceux qui sont travaillés de cette cruelle maladie. L'autorité de l'immortel Sydenham, sur ce point, les vaut toutes ; surtout lorsqu'il dit que le caractère de cette maladie est presque le même que celui de la colère, et que la tranquillité de l'âme et une patience imperturbable dans les paroxismes de ce mal, sont les seuls moyens à y opposer et propres à les adoucir (1); et que même, si cette manière d'être de l'âme est habituelle et indélébile, elle contribue à débarrasser entièrement de la maladie.

L'ictère ne cède pas autant aux remèdes

____

(1) Quelques médecins, et particulièrement Hippocrate, Heberden, Giannini, etc., en pensaient bien autrement. On peut consulter à cet égard ce qu'en a dit le dernier, dans son traité sur la goutte et le rhumatisme, dont nous avons donné la traduction.

qu'à un certain laps de temps, qui est à peu près de deux mois, surtout lorsque le malade est soutenu par le courage ; tandis que, lorsqu'il le perd, la maladie augmente à un tel point, sous le rapport de l'affection morale, que le malade ne veut plus, pour ainsi dire, prendre de nourriture, l'ayant en horreur par la nature même du mal. Les idées agréables, les promenades récréatives, une société douce et tranquille, ainsi que les remèdes sont évités comme autant de poisons, tandis que ce sont les moyens par excellence, quand ils sont aidés par le courage.

Dans les cas de calcul, le malade doit s'armer de courage pour donner le temps aux douleurs de se dissiper plus ou moins promptement, et aux calculs, ainsi qu'aux graviers , de se faire jour par les voies urinaires. Celui qui éprouve une suppression d'urine, ne doit pas avoir recours à chaque instant à la sonde pour obtenir du soulagement. L'homme attaqué d'une gonorrhée n'agirait pas avec prudence, s'il voulait arrêter trop promptement l'écoulement : enfin, on en peut dire autant de diverses autres maladies des voies urinaires. Tous ces délais que la prudence exige , sont également prescrits par les lois de la saine médecine , auxquelles le courage les assujettit et les soumet toutes, pourvu néanmoins qu'ils s'y combinent de manière à coopérer aussi par la suite aux opérations consécutives excitées chez de tels malades par la loi précitée.

On ne peut jamais inspirer assez de courage aux asthmatiques, aux paralytiques, aux cancéreux, aux hydropiques, ainsi qu'à tous ceux qui sont attaqués d'affections chroniques. Les maladies longues, douloureuses et presque toujours mortelles sont telles, qu'elles ne laissent au médecin que la triste ressource d'user de consolations morales, et d'une foule de petits moyens propres à inspirer le courage à de pareils malades. L'habileté et l'éloquence insinuante du médecin expérimenté sont ici très-nécessaires pour atteindre ce but, et particulièrement cette dernière, dont le défaut chez le médecin ne peut être remplacé, dit le célèbre Fontenelle, que par la faculté de pouvoir faire des miracles.

Après avoir parlé des maladies chroniques, nous allons maintenant jeter un coup d'œil très-rapide sur les fièvres aiguës, et sur quelques autres maladies. Quoique jusqu'ici il n'existât pas en médecine un traité *ex professo* sur les avantages du courage dans les maladies ; néanmoins la chose a toujours été tellement sentie, qu'on la reconnaît, dans tous les écrits des auteurs les plus célèbres, à quelques signes frappans qu'ils en ont donné : elle devient encore plus évidente, lorsqu'ils traitent des fièvres aiguës, malignes, contagieuses et pestilentielles. Je me bornerai à citer parmi le grand nombre d'auteurs qui en ont parlé, les Aretée, les Hoffmann, les Sennert, les Rivière, les Huxham et les Cullen, qui re-

commandent tous, d'une manière très-pré-
cise , le courage, tant pour se garantir de
ces fièvres, que pour les combattre quand
on en est attaqué. Les traités de ces auteurs sur l'origine et sur la nature de ces
fièvres font l'éloge le plus pompeux de
cette belle passion : ils assurent positive-
ment que si le courage n'existe pas , et
qu'il y ait au contraire une passion opposée,
c'est-à-dire, la crainte de gagner ces sortes
de fièvres et d'en mourir, la probabilité
d'y succomber est d'autant plus grande, que
le mauvais caractère de ces fièvres s'accroît
dans celui qui en est déjà attaqué. Cullen,
l'un des médecins les plus instruits, nous dit
que la crainte concourt, en affaiblissant le
corps et en augmentant l'irritabilité, à développer les principes de malignité dans les.

fièvres, et à les rendre plus dangereuses. Il veut qu'on fortifie l'âme par tous les moyens possibles contre cette passion débilitante, ce qui n'est rien autre chose que d'inspirer le courage.

Une nouvelle route s'ouvre encore aux médecins sur cet objet, lorsque des fièvres du caractère dont nous venons de parler, se présentent. Puissent-ils, en se servant du crédit qu'ils ont sur la multitude, modérer l'épouvante qui se répand lorsque les fièvres règnent, et la persuader que la maladie n'a point le caractère qu'on veut bien lui donner ! Ils ne doivent même pas s'opposer à certains usages répandus parmi la basse classe, pour se garantir des mauvais effets de la constitution épidémique régnante : en effet les remèdes vantés contre la peste, ces préservatifs, ces alexipharmaques, ces amulettes et autres moyens de cette nature, qui ont obtenu tant de crédit dans l'esprit de la multitude, doivent être respectés ; car, s'ils n'ont pas la vertu de faire cesser sur-le-champ les épidémies régnantes, au moins ils ont celle de faire naître la confiance, et de remuer assez fortement l'âme pour bannir toute crainte, et inspirer l'espérance et la hardiesse même à un assez haut point pour développer, par une conséquence nécessaire, de nouvelles impressions, et pour donner une nouvelle manière d'être aux fibres constitutives des organes qui correspondent le plus avec le courage.

Dans les cas même présumés mortels, on ne doit jamais, à moins que tout espoir ne soit perdu, balancer à avoir recours aux moyens que l'expérience et les grands maîtres ont indiqué. Perdre le courage et tout espoir de secourir ces infortunés, c'est perdre souvent le seul instant qui reste au médecin pour les rappeler à la vie. Nous en citerons pour exemples les asphixiés et les noyés, auprès desquels on ne doit pas perdre promptement courage; car la sensation est lente àse développer, et la vie presqu'éteinte chez ceux qui se trouvent dans des cas semblables; et il n'y a que par la persévérance, que l'on parvient peu à peu à stimuler l'âme, et par elle, les esprits et les fibres des organes, et à redonner en quelque sorte la vie prête à s'éteindre.

Il n'existe point de circonstances dans lesquelles le courage soit aussi nécessaire que chez les femmes enceintes et celles qui sont en couche. Il est pour elle l'unique refuge et le seul appui qu'elles aient contre cette foule de petites indispositions et de malaises qui les tourmentent, et qui deviennent quelquefois assez graves. On ne peut nier que le système d'une femme grosse ne soit aussi altéré, qu'elle est elle-même changée : son caractère éprouve autant d'altération que sa figure et toute l'habitude de son corps : elle a les désirs les plus bizarres ; ses forces et sa gaîté diminuent ; elle est tourmentée de nausées, d'odontalgie , de migraine , de terreurs paniques, d'œdèmes et d'une foule d'autres accidens, dont il serait inutile de rendre raison pour le moment ; mais il ne faut jamais perdre de vue, que, dans quelque état que soit une femme grosse, il est de la plus haute importance pour elle , de conserver sa gaîté , de bannir loin d'elle toute espèce de craintes, et de conserver un esprit calme et tranquille. Ses plus grands ennemis sont la tristesse et la peur; tandis que le courage est pour elle l'ancre de salut.

L'accouchement avant terme, c'est-à-dire , l'avortement et l'accouchement laborieux, sont les deux pivots sur lesquels roulent toutes leurs craintes mal fondées.

Tous les observateurs ont remarqué que parmi les causes multipliées de ces deux désordres , la mauvaise trempe de leur âme en était la principale source ; ce qui les empêchait de supporter avec patience les incommodités inséparables de la grossesse ; et ce qui faisait qu'elles se livraient à une crainte démesurée , ou qu'elles allaient au-devant des accidens qui pouvaient arriver , et dont elles se faisaient le tableau le plus sombre et le plus désagréable. Les avertir d'une pareille faiblesse d'esprit, c'est, selon moi, le seul et le plus sûr moyen de les en garantir.

Quant au travail de l'accouchement, qui consiste dans le développement et la dilatation des parties, que les femmes en couche, ainsi que celles qui les entourent, ne perdent jamais de vue, qu'il ne peut avoir lieu sans douleurs et sans des efforts plus ou moins violens et prolongés, qui loin d'effrayer, doivent être regardés comme le moyen le plus certain dont la nature puisse se servir pour arriver à son but. Que d'accidens qui surviennent, n'ont lieu que par les inconséquences que commettent souvent les personnes qui sont auprès de la femme en travail, et qui, loin de seconder l'homme de l'art qui, jugeant les choses comme elles doivent l'être, ne les présente et ne les voit que comme naturelles, et même nécessaires !

L'auteur de la nature ayant doué les

femmes d'une somme de forces suffisantes pour une pareille opération , il est infiniment rare de les voir périr pendant l'accouchement : ce malheur n'a lieu , assez ordinairement, que chez celles qui ont été saisies de peur dans le moment du travail, ou dont l'accouchement a été troublé par imprudence ou par ignorance ; ou, enfin, chez celles dont la mauvaise conformation s'oppose entièrement au travail de la nature.

L'accoucheur le plus expérimenté ne peut point, et ne doit pas même chercher dans un accouchement naturel, à diminuer les douleurs du travail ; et il est même douteux qu'on puisse en abréger la durée , quoique quelques accoucheurs le prétendent.

Il résulte évidemment de ce qui précède, que le salut des femmes en couche est entièrement subordonné à leur courage, et que, lorsqu'elles en sont douées, leur accouchement est plus facile, les évacuations qui en sont la suite, se font d'une manière plus aisée, et la lactation se-perfectionne. Si, dans le cours de la convalescence, il survient, par une cause physique ou morale, de ces accidens qui sont quelquefois inévitables et même funestes chez certaines femmes, néanmoins il est prouvé qu'ils font d'autant moins d'impression sur elles, qu'elles sont armées de plus de courage.

Les légères indispositions même qui viennent à la suite des couches , doivent, pour le
plus souvent, être considérées du même œil :
telles sont les fièvres discrètes, les douleurs de
tête, les inflammations et les crevasses des
seins, le dévoiement, les douleurs de ventre,
et autres incommodités qui ne sont pas très
à craindre, et qui demandent cependant
le courage nécessaire pour être supportées
comme elles doivent l'être.

Il dépend beaucoup du médecin de tenir
dans une balance parfaite tous les accidens
dont nous avons parlé plus haut, en ayant
grand soin de bannir de l'asile des femmes
en couche toutes idées superstitieuses ,
ainsi que ces terreurs paniques qui ne peuvent agir que d'une manière extrêmement

fâcheuse ; en les tenant toujours autant que possible hors de toutes inquiétudes et de craintes, et même en soutenant leur courage par les sentimens les plus doux et par le langage le plus consolateur.

Il ne suffit pas que les femmes en couche aient du courage pour ce qui leur est personnel ; elles doivent encore en avoir pour leurs enfans ; car à peine ont-ils vu le jour, qu'ils semblent nés pour la douleur et pour les besoins. La louable et naturelle sollicitude des mères pour leurs enfans, doit se borner à pourvoir et à remédier à tout, lorsqu'il est question d'eux, et surtout à éviter de se nuire à elles-mêmes, en ayant des craintes mal fondées, en ne

faisant rien d'utile pour eux, ou en faisant au contraire des choses qui leur sont
nuisibles.

Comment parler de la chirurgie, sans
penser de suite que le courage est une des
choses les plus nécessaires au chirurgien
et à celui qui a besoin de ses secours :
chaque jour nous en fournit la preuve,
malgré la douleur compagne inséparable
des opérations auxquelles l'humanité est ex-
posée. Quoique l'illustre Moore ait cherché
un moyen mécanique propre à diminuer
la douleur des opérations chirurgicales, je
pense que le meilleur, et je dirai même,
l'unique moyen, est le vrai courage : en
effet, ne voit-on pas quelquefois des personnes assez décidées pour présenter d'elles-mê-

mes une jambe ou une main à l'instrument prêt à les couper, et même souffrir l'opération sans jeter un cri, ni répandre une larme en perdant une partie d'elles-mêmes. Si cet héroïsme vient du caractère de la personne, il peut être également le produit d'une réflexion profondément sentie, et d'une volonté énergique suggérée par les conseils d'un homme sage, ou par une âme forte et courageuse.

Il ne suffit pas au chirurgien de bien posséder son art, il doit encore avoir le talent de pouvoir plier à son gré l'esprit de ses malades, afin de les soumettre de bonne volonté et avec courage aux opérations qu'il juge nécessaires pour les rendre à la santé. Sans cela toute guérison est ordinairement imparfaite ; l'opération ne se fait point avec cette dextérité et cette adresse qui conviennent ; et le résultat en est pour le plus souvent incertain et même mauvais.

Je craindrais d'abuser de la patience de mes lecteurs, en discourant plus au long sur ce sujet, étant convaincu que ce que nous en avons dit, suffira pour faire sentir l'importance et l'étendue qu'on peut lui donner ; et je finirai par conclure que le courage est une qualité de l'âme, dont le malade ne peut être privé sans la crainte presque certaine d'accidens ultérieurs. Toutes les qualités qu'on pourrait désirer en lui seraient des qualités nulles, si le courage ne s'y réunissait pas.

Qu'on ne vienne point m'accuser ici de vouloir faire (comme quelques personnes affecteront de le dire) des héros de tous les malades ; puisqu'il est vrai que le véritable héroïsme (et y eut-il jamais une occasion et une nécessité plus grandes d'en faire preuve, que lorsqu'il s'agit de la défense et de la sûreté de ses propres jours) établit la similitude entre le but auquel l'homme d'état, le guerrier visent, et celui auquel le malade tend si naturellement. Si l'héroïsme est indispensable, dans le premier cas, combien ne doit-on pas à plus forte raison le désirer dans le second? quoique je convienne volontiers qu'il est difficile et même quelquefois impossible de donner cette belle prérogative à tous les individus ; néanmoins, je suis convaincu qu'il appartient aux malades et au médecin instruit de se pénétrer de semblables vérités, et de faire disparaître, ou au moins de diminuer de pareils obstacles.

La maxime qui établit que le malade qui s'est fait une vertu du courage, possède celle qui est la plus héroïque et la plus utile, reste tout entière ; puisqu'il est vrai qu'il peut aisément lutter contre son mal, et même s'en débarrasser beaucoup mieux, que celui qui est faible, lâche et sans courage. Cette vérité sera encore plus palpable, si l'on veut bien réfléchir que nous n'envisageons point un pareil courage comme faisant seulement partie de la médecine expectante, mais bien comme partie très-active et très-essentielle de la

médecine agissante : car, pour considérer la
médecine comme agissante, il n'est pas
nécessaire qu'elle emploie un médica-
ment à proprement parler tel, ni un secours mécanique ou chirurgical. Elle mérite également ce titre, lorsqu'elle se sert
d'un secours moral, surtout si le secours
est capable de produire dans l'état physique
du malade un changement quelconque.
Cette proposition suggérée par la raison,
est celle que le célèbre Gaubius a prouvé il
y a long-temps et d'une manière savante
dans ses discours académiques. La classe
des secours que la morale peut fournir à la
thérapeutique, a dit le savant Voullonne,
est presque inconnue, et comme pour en
obtenir la preuve, il faudrait examiner avec
soin et sagacité quelle espèce et quel degré de changement chaque passion produit

sur la machine, on est forcé d'attendre que des génies capables d'observer nous donnent des lumières suffisantes sur un objet aussi important, et dans lequel l'homme est pour ainsi dire intéressé à ne pas se laisser deviner, du moins sous le rapport de quelques-unes de ces passions que nous n'osons avouer. Tout porte à croire que le préjugé existant de ne combattre les maladies que par les moyens usités, continuera à triompher, au moins encore pour long-temps; quand il est presque prouvé qu'une consultation qui ne roulerait que sur des secours moraux, ferait presque taxer d'ignorance celui qui la donnerait, quoiqu'il eût fait preuve en cela de la plus grande probité, et du plus profond savoir.

FIN.

DE L'ESPRIT

DU

SAGE MÉDECIN,

POEME:

PAR LE DOCTEUR DELAUNAY.

L'ESPRIT

DU

SAGE MÉDECIN.

En quoi ! l'on aurait vu le dieu brillant des vers,
Célébrer des talens dangereux ou futiles,
Chanter l'art inhumain de dépeupler les villes,
De dévaster les champs, d'effrayer l'univers,
Et ne jamais daigner consacrer la mémoire
D'un art, qui, de son fils éternise la gloire ;
D'un art, qui, réprimant les fureurs de la mort,
Rend un aimable époux à son épouse en larmes,
D'une famille en pleurs, dissipe les alarmes,
Balance les destins, et tient l'urne du sort.

D'Apollon, en ce jour l'influence indomptable
Me force à crayonner le portrait vénérable
Des favoris du dieu (1) par qui, du noir séjour,
Hippolyte revint à la clarté du jour.

Ministres révérés du temple d'Épidore (2),
Connaissez la grandeur de vos nobles destins,
Le ciel voulut par vous consoler les humains
Des funestes présens que leur a fait Pandore (3).
Si vous avez à cœur la gloire de votre art,
Soyez long-temps disciple (4), et produisez-vous
    tard.
Tâchez d'être au-dessus de votre renommée ;
Si vous ne la devez qu'aux effets du hasard,
Vous la verrez bientôt s'exhaler en fumée (5).

De deux moyens douteux de réprimer un mal,
Préférez le moyen que l'usage accrédite.
S'il n'en peut résulter qu'un dénouement fatal,
On blâmera le sort et non votre conduite.

L'homme le plus obscur, le plus simple à nos
    yeux,
Dans sa sphère est souvent plus utile et plus noble,
Que l'homme qui tout fier de ses titres pompeux,
Souvent sous un grand nom recèle un cœur
    ignoble.
Vous vous chargeriez donc du plus horrible excès
Si vous osiez tenter vos dangereux essais
Sur ces faibles humains, dont l'humble desti-
    née (6),
Est digne du respect de toute âme bien née.

    Gardez-vous d'effrayer par votre dureté,
Ces refuges ouverts à l'indigence extrême.
J'ai vu des malheureux préférer la mort même,
Au redoutable espoir d'y trouver la santé.
Ne soyez inhumain qu'avec humanité,
Et s'il faut employer ces remèdes funestes,
Qui ne peuvent sauver que d'inutiles restes,

19*

Laissez au moribond, consulté le premier,
La triste liberté de mourir tout entier.

Si vous avez rendu votre art vraiment utile;
Tel que l'astre du jour qui brille à tous les yeux,
Secourez, s'il se peut, la campagne et la ville:
Vos talens (7) sont le bien de tous les malheureux.

Cliton a du mérite et chacun rend justice
A son zèle éclairé pour le salut des grands ;
Mais, consultant toujours la fortune et les rangs,
On pourrait le taxer d'orgueil et d'avarice.

Justin, plus charitable et moins présomptueux,
S'attache à l'indigent et seconde ses vœux ;
Mais, comme à la faveur de sa conduite obscure,
Il ne se voit jamais blâmé, ni contredit,
Lorsque Justin croit suivre une pratique sûre,
Justin fait mille erreurs et toujours s'applaudit.

Probus a de tous deux réuni le systéme :

'est l'homme et non le rang qu'il adopte et qu'il
    aime ,

Et de l'homme à son tour , lui-même révéré ;

Plus ses rivaux ont mis son mérite en probléme ;

Mieux il est reconnu , mieux il est épuré.

Jadis un philosophe obligeait la jeunesse ;

Dont il formait le cœur aux lois de la sagesse ,

A garder plusieurs ans un silence profond.

Élève d'Esculape , adoptez sa leçon :

Des plus graves secrets (ঠ) , souvent dépositaire ,

Parlez plutôt moins bien , et sachez mieux vous
    taire ;

Un fait que vous narrez, établit un soupçon ,

Et le soupçon conduit aux sources du mystère.

Ayez prés du beau sexe une réserve austère,

Sachez , en le blessant , respecter sa pudeur ;

Et s'il s'est égaré dans les champs d'Amathonte ;

Et qu'il veuille à vos yeux dérober cette erreur,

Aimez (9) à lui laisser le plaisir enchanteur,

De guérir et de croire avoir caché sa honte ;

Ou plutôt méritez (10) que chacun sans frayeur,

Puisse vous confier sa vie et son honneur.

N'allez pas en docteur pompeusement comique ,

Hérisser vos discours de grec et de latin :

Dans ce siècle éclairé , cet appareil est vain ,

Les sciences n'ont plus d'enveloppe mystique ;

Et si votre malade était un homme instruit,

Délibérez ensemble ; et , de votre conduite ,

Faites-lui concevoir les raisons et la suite:

Pour soulager le corps , tranquillisez l'esprit.

Ne lui montrez jamais un air d'incertitude,

Et si son mal demande une profonde étude ,

Allez méditer loin du chevet de son lit.

Ne soyez point diffus (11), encore moins taci-
turne :

Un trop morne silence attriste un moribon ;

Il croit que consterné des apprêts de son urne,

Vous préparez de loin son affreux abandon.

Ce serait néanmoins trahir son ministére,

Que de lui déguiser , s'il est proche du but,

Qu'il doit se dépouiller des trésors de la terre,

Pour ne plus s'attacher qu'aux trésors du salut.

Hors de là , ne peut-on le soustraire au supplice,

Que le remède encore ajoute à ses dégoûts :

Qu'on lui sauve du moins l'humeur et le caprice

Qui semble distinguer les fameux d'entre vous.

Pourquoi s'approprier la couleur consacrée (12),

Au deuil qui se lamente à l'ombre des cyprès ?

Quiconque de la mort sait émousser les traits,

Ne doit point affecter de porter sa livrée.

Crainte que votre état n'endurcisse vos mœurs ;

Associez votre art à la littérature (13) :

19*

Mais imitez l'abeille, et tirez de ses fleurs
Le parfum le plus doux, l'essence la plus pure.
Oui : soumettez, vous dis-je, aux grâces de
    l'esprit,
L'excès de gravité que peut donner l'étude,
Savoir d'un moribond charmer l'inquiétude,
Est toujours un remède, et souvent il suffit.

Il serait même heureux qu'aux attraits du génie,
Vous puissiez réunir d'agréables dehors.
Si la nature en vous mit ses brillans accords,
Sachez vous affranchir de l'antique manie (14),
Qui semble vous forcer d'en rompre l'harmonie.
Vous ne sauriez trop plaire au malheureux mortel,
Que votre main n'arrache à la mort en furie,
Qu'en abreuvant sa bouche et de pleurs et de fiel.

Si vous êtes vraiment jaloux de votre gloire,
Assujettissez-lui vos autres intérêts :

C'est avilir son art et ternir sa mémoire (15),

Que de vendre en détail des remèdes secrets.

Ne vous taxât-on point de fraude et d'artifice,

Vos secrets fussent-ils des remèdes parfaits,

C'est de meurtres fréquens nourrir son avarice,

Que de restreindre ainsi leurs utiles effets.

Enfin l'art de guérir est inappréciable,

Pour ceux que la fortune a comblés de faveurs ;

Mais qu'il perd de son prix aux yeux du misérable,

Pour qui la mort n'est pas le plus grand des malheurs !

C'est donc sur le degré de bonheur et d'aisance,

Qui nous fait plus ou moins chérir notre existence,

Que vous devez régler l'honoraire et le prix

Des soins que pour nos jours votre zèle aura pris ;

Et d'un coup de crayon, achevant la peinture,

Je dis, pour suppléer à tous les traits omis,

Aimez l'humanité, scrutez bien la nature,

Et vous aurez l'aveu du fils de Coronis (16).

FIN.

NOTES.

---

(1) ESCULAPE ressuscita Hyppolite maudit par son père, et traîné par ses chevaux ; il fut lui-même foudroyé pour prix de cette belle action. Si les païens avaient réfléchi sur les absurdités contenues dans leur Mythologie, quelle idée auraient-ils dû avoir de leurs divinités ? Les vœux injustes d'un père qui proscrit un fils innocent, sont exaucés : un des plus grands dieux du ciel a la cruauté de lui prêter son ministère : un demi-dieu répare l'injustice de tous les deux, et le maître des dieux, par une basse jalousie, la justifie par un coup de foudre. Tant il est vrai de dire, que ce ne pouvait être là que la religion d'un peuple imbécile et superstitieux, et non celle des philosophes et des hommes éclairés.

(2) Consacré à Esculape.

(3) Pandore apporta sur la terre une boîte qui renfermait tous les maux de la nature. Elle fut ouverte par sa curiosité : les maux en sortirent pour inonder l'Univers ; la seule espérance resta au fond.

(4) Que de jeunes gens, après avoir fait de mauvaises études en humanités et en philosophie, vont prendre douze inscriptions dans une faculté de médecine, où la dissipation les suit et les accompagne, et viennent, au bout de trois ans, exercer leur art dans leurs villes, pourvus à peine de quelques formules générales et de quelques livres, qu'ils ne sont pas même à portée d'entendre et d'apprécier : là on les emploie faute d'autres dans les cas urgens, dans lesquels ils sont précisément le plus à redouter. Trois morceaux de parchemin, ou

ce qui est encore plus mauvais, un diplôme, de-vraient-ils suffire pour avoir droit d'exercer la mé-decine, et ne devrait-on pas astreindre de plus les jeunes médecins et chirurgiens encore imberbes à suivre pendant quelques temps un médecin ins-truit et expérimenté, soit dans un hôpital, soit en ville; ce qui vaudrait peut être encore mieux?

(5) Un médecin qui s'est fait une réputation purement de mode ou de bonne fortune, est comparable à un aventurier qui s'est produit dans le monde sous un beau nom qui ne lui appartient pas, et qui peut à chaque instant être ignominieusement démasqué.

(6) Moins vous courez de danger à outrager quelqu'un, plus il est indigne et lâche à vous de le faire ; c'est à l'homme public, et surtout au médecin, de se convaincre de l'égalité des

conditions, et de se persuader qu'il n'en coûte
pas plus à l'Être suprême de créer un grand
qu'un berger.

(7) Un médecin est, au physique, ce qu'est
un missionnaire au moral ; un être consacré au
salut de tous les hommes, et, obligé par état
et par devoir, de leur sacrifier ses plus chers
intérêts.

(8) Un médecin, à la suite d'un général d'ar—
mée espagnole, raconta dans le camp, en pré—
sence de plusieurs officiers, qu'étant peu aupa—
ravant à Sarragosse, il avait traité des suites
d'une fausse couche une jeune dame qui, pour
n'être pas connue, se mettait un masque toutes
les fois qu'il allait la voir ; et qui ne lui avait
donné la préférence sur les médecins de la ville,
que parce qu'il était étranger, et qu'elle avait

appris qu'il devait partir. Il ajouta qu'il l'avait d'abord soupçonnée d'être la femme d'un militaire, au costume d'un portrait d'homme qu'elle portait en bracelet ; mais que c'était sans doute un costume de fantaisie, puisqu'il n'y avait pas d'uniformes semblables dans toute l'armée, et à l'instant il se mit à en faire la description. Le mari de la dame était malheureusement du nombre de ceux qui l'écoutaient. Il était resté dix-huit mois prisonnier de guerre, et après avoir été échangé, il avait rejoint son régiment avant de se rendre chez lui. Dans cet intervalle son uniforme avait été changé, et il ne portait plus celui dont était revêtu son portrait, ce que le médecin ignorait parfaitement. Cet officier qui était jaloux et méfiant, dissimula néanmoins pour l'instant ; mais dans d'autres conversations, l'ayant mis sur la même voie , et riant avec lui de l'aventure , il en apprit assez pour croire qu'il pourrait bien être une des parties intéressées , et pour désirer éclaircir le fait par lui-même : en conséquence il part sur-le-champ en poste pour aller trouver sa femme. A la faveur des premiers indices et du trouble où la jetèrent les soupçons de son mari, elle fut convaincue d'une infidélité, et , dans la chaleur des premiers reproches , cet homme furieux lui ayant vu le malheureux bracelet, lui abattit le bras d'un coup de damas , s'en saisit, reprit la poste , se rendit au camp , alla trouver le médecin , lui demanda s'il reconnaissait le bras et le bracelet, et , sans attendre sa réponse , il lui brûla la cervelle d'un coup de pistolet.

(9) Un maître de l'art disait qu'il avait traité beaucoup d'honnêtes femmes du mal vénérien; mais qu'il n'en avait jamais trouvé qui l'eût gagné au

même jeu que les hommes : aussi leur disait-il ,
lorsqu'elles cherchaient à lui déguiser leur maladie, prenez toujours ces pilules mercurielles , c'est
un remède qui est maintenant la panacée univer-
selle. Un médecin discret doit bien se garder de
faire à une femme qui se trouve dans ce cas ,
des questions de pure curiosité , et qui ne tendent
point à l'éclairer davantage sur les causes de son
mal. On aime beaucoup à se cacher de quelqu'un
qui cherche à nous pénétrer ; et , s'il est entré du
mensonge dans le premier aveu que vous a fait
une femme , vous pourrez être sûr que tout le
reste de son histoire en sera un tissu.

(10) Un médecin , comme un confesseur , n'est
en droit de révéler que ce qu'il sait d'édifiant,
et jamais ce qu'il peut avoir appris de scandaleux.
Il doit , s'il le faut , être martyr d'un secret qui
lui a été confié. Il en est responsable à l'ombre

même qui réside dans la tombe. S'il en était autrement, quel trouble, quel désordre, ne serait-il pas dans le cas de jeter dans une multitude de familles qui, à la faveur de cette indispensable discrétion, n'auront jamais à rougir des faiblesses ou de l'immoralité de quelques-uns des leurs.

(11) C'est la science du diagnostique, et la promptitude à le bien saisir, qui caractérisent les grands médecins ; et c'est vouloir perdre la confiance de ceux qui vous appellent à leur secours, que de paraître ne marcher qu'en tâtonnant ; sans compter qu'il est des cas urgens, dans lesquels le salut d'un malade est attaché à la seule activité de son médecin.

(12) Le seul aspect de certains médecins serait capable d'augmenter la masse des vapeurs de notre siècle ; et il est difficile de concevoir pourquoi ils avaient adopté le noir comme une couleur d'état.

Un ministre de la santé devrait-il porter la livrée d'un génie des tombeaux ?

(13) C'est une grande erreur de croire que pour être très-bon médecin, il ne faille étudier que la médecine proprement dite. Il est des sciences qui se tiennent par la main, et qui se prêtent même un secours mutuel. Un médecin, bon physicien, bon naturaliste et bon chimiste, a de grands avan-tages sur ceux qui ne connaissent que le corps humain ; il est essentiel aussi dans tous les arts de ne pas négliger l'élocution, car elle est pour les sciences, ce que la parure et la toilette sont pour les femmes.

(14) Je le répète, il est encore des médecins qui seraient honteux d'avoir figure humaine, et qui ont un langage, une allure, une manière de s'habiller et de se coiffer, qui touche au ri-cule par son sublime et par son affectation.

(15) Laissez aux charlatans le vil commerce des spécifiques secrets ; et si vous avez été assez heureux pour en trouver un, ne vous en vantez qu'en le faisant connaître. Il ne peut résulter du mystère que vous en feriez aucun avantage pour votre fortune, capable de vous dédommager, si la chose était possible, de l'espèce d'ignominie attachée à cet indigne trafic. On ne peut pas même en espérer la confiance du peuple si souvent trompée, qu'il met dans la même cathégorie tous ceux qui s'annoncent comme possesseurs de médicamens ou de secrets inconnus. Comment un honnête homme, un ami de ses semblables, qui se prétend sûr de l'efficacité de son remède, comme le sont tous ceux qui se disent propriétaires de secrets, peut-il se résoudre à lais périr chaque jour des milliers d'individus attaqués de maladies, et dont la guérison est dans ses mains ? Point de milieu, ou c'est un im

posteur, ou c'est un monstre d'inhumanité, surtout s'il le refuse au malade indigent qui ne peut pas se le procurer.

(16) Esculape était fils d'Apollon et de Coronis.

FIN.

TABLE.